费尔巴哈文集

第10卷

未来哲学原理

洪谦 译

Ludwig Feuerbach
GRUNDSÄTZE DER PHILOSOPHIE DER ZUKUNFT
本书根据 W. Bolin 和 F. Jodl 所编
Ludwig Feuerbach's Sämmtliche Werke
第 2 卷(1904 年 Stuttgart 版)译出

文 献 说 明

一、本文集主要依据的费尔巴哈著作集

1. 德文版《费尔巴哈全集》第 1 版

费尔巴哈的著作在其在世时曾以单行本、小册子及各种文集的形式出版,其本人于 1846 年着手编纂并出版自己的全集(莱比锡,由奥托·维甘德[Otto Wigand]出版),截至 1866 年共出版 10 卷,该版通常被称为《费尔巴哈全集》第 1 版。

第 1 版 10 卷卷名如下:

第 1 卷 *Erläuterungen und Ergänzungen zum Wesen des Christenthums*(1846)

第 2 卷 *Philosophische Kritiken und Grundsätze*(1846)

第 3 卷 *Gedanken über Tod und Unsterblichkeit*(1847)

第 4 卷 *Geschichte der neuern Philosophie von Bacon von Verulam bis Benedict Spinoza*(1847)

第 5 卷 *Darstellung, Entwicklung und Kritik der Leibnitz'schen Philosophie*(1848)

第 6 卷 *Pierre Bayle*(1848)

第 7 卷 *Das Wesen des Christenthums*(1849)

第 8 卷 *Vorlesungen über das Wesen der Religion*(1851)

第 9 卷 *Theogonie nach den Quellen des classischen, hebräischen und christlichen Alterthums*(1857)

第 10 卷 *Gottheit, Freiheit und Unsterblichkeit vom Standpunkte der Anthropologie*(1866)

2. 德文版《费尔巴哈全集》第 2 版

1903 年费尔巴哈的友人 W. 博林(W. Bolin)和 F. 约德尔(F. Jodl)为纪念费尔巴哈 100 周年诞辰(1904 年),从 1903 年到 1911 年,整理出版了 10 卷本的《费尔巴哈全集》(斯图加特,弗罗曼出版社[Frommann])。这部全集通常被称为《费尔巴哈全集》第 2 版,它比《费尔巴哈全集》第 1 版全备,但 W. 博林和 F. 约德尔对著者在世时出版的原本进行了加工,他们不仅改变书法、标点以及拉丁文和其他外文引文的德译,还在许多地方按照自己的意思改变在他们看来过于尖锐的文句,删去他们认为无关紧要的地点。

第 2 版 10 卷卷名如下:

第 1 卷 *Gedanken über Tod und Unsterblichkeit*(1903)

第 2 卷 *Philosophische Kritiken und Grundsätze*(1904)

第 3 卷 *Geschichte der neueren Philosophie von Bacon von Verulam bis Benedikt Spinoza*(1906)

第 4 卷 *Darstellung, Entwicklung und Kritik der Leibniz'schen Philosophie*(1910)

第 5 卷 *Pierre Bayle. Ein Beitrag zur Geschichte der Philosophie und Menschheit*(1905)

第 6 卷 *Das Wesen des Christenthums*(1903)

第 7 卷 *Erläuterungen und Ergänzungen zum Wesen des Christenthums*(1903)

第 8 卷 *Vorlesungen über das Wesen der Religion*(1908)

第 9 卷 *Theogonie nach den Quellen des classischen, hebräischen und christlichen Alterthums*(1910)

第 10 卷 *Schriften zur Ethik und nachgelassene Aphorismen* (1911)

3. 俄文版及中文版《费尔巴哈哲学著作选集》

苏联国家政治书籍出版社 1955 年出版了两卷本的俄文版《费尔巴哈哲学著作选集》(*Людвиг Фейербах, Избранные философские произведения*, Госполитиздат, Москва. 1955)，该俄译本在遇到第 1 版和第 2 版有歧义时，均恢复了费尔巴哈本人（即第 1 版）的原文。上卷包含"路德维西·费尔巴哈"（葛利高利扬著）、"黑格尔哲学批判"、"论'哲学的开端'"、"改革哲学的必要性"、"关于哲学改造的临时纲要"、"未来哲学原理"、"谢林先生"、"反对身体和灵魂、肉体和精神的二元论"、"说明我的哲学思想发展过程的片段"、"对《哲学原理》的批评意见"、"从人本学观点论不死问题"、"论唯灵主义和唯物主义，特别是从意志自由方面着眼"、"幸福论"以及"法和国家"；下卷包含"基督教的本质"、"因《唯一者及其所有物》而论《基督教的本质》"、"宗教的本质"以及"宗教本质讲演录"。

商务印书馆 1984 年依据此俄文版《费尔巴哈哲学著作选集》翻译出版了中文版《费尔巴哈哲学著作选集》，此版本在篇目编排上依据俄文版《费尔巴哈哲学著作选集》，译文能找到德文的均依据德文译出，找不到的则依据俄文译出。

此外，俄文版《费尔巴哈哲学著作选集》上下卷卷末均有较长的注释，除介绍了版本信息和内容概要外，还在尾注中对正文内容做了一些补充说明，对了解费尔巴哈的学术思想颇有帮助。商务印书馆1984年版《费尔巴哈哲学著作选集》翻译了这些注释。

本次编选《费尔巴哈文集》时，将这些注释中的版本信息和内容概要加以整理，列在相应的各卷"编选说明"中；将尾注内容改为脚注，附在对应各卷的正文中，并注明"俄文编者注"。

4. 中文版《费尔巴哈哲学史著作选》

商务印书馆1978—1984年依据《费尔巴哈全集》第2版第3、4、5卷翻译出版3卷本《费尔巴哈哲学史著作选》，卷名如下：

第1卷《从培根到斯宾诺莎的近代哲学史》(1978年)

第2卷《对莱布尼茨哲学的叙述、分析和批判》(1979年)

第3卷《比埃尔·培尔对哲学史和人类史的贡献》(1984年)

二、其他主要德文编选文献

卡尔·格留恩(Karl Grün)编：《费尔巴哈的通信和遗著及其哲学发展》(*Ludwig Feuerbach in seinem Briefwechsel und Nachlass sowie in seiner philosophischen Charakterentwicklung*)，两卷，1874年出版于莱比锡和海德堡，C. F. 温特书店(C. F. Winter'sche Verlagshandlung)。

卡普(August Kapp)编：《路德维希·费尔巴哈和克里斯提安·卡普通信集》(*Briefwechsel zwischen Ludwig Feuerbach und Christian Kapp*)，1876年，莱比锡，由奥托·维甘德出版。

博林(W. Bolin)编：《费尔巴哈来往通信集》(*Ausgewählte*

Briefe von und an Ludwig Feuerbach），两卷，1904年，莱比锡，由奥托·维甘德出版。

朗格（Max Gustav Lange）编：《费尔巴哈短篇哲学论文集》（*Kleine philosophische Schriften*，1842—1845），1950年，莱比锡，费利克斯·迈纳出版社（Felix Meiner）。

舒芬豪尔（Werner Schuffenhauer）编：《费尔巴哈通信集》（*Ludwig Feuerbach，Briefwechsel*），1963年，莱比锡，雷克拉姆出版社（Reclam Verlag）。

舒芬豪尔编：《费尔巴哈全集》（*Ludwig Feuerbach：Gesammelte Werke*），22卷，1967年，柏林，科学院出版社（Akademie-Verlag），其中第1—12卷为费尔巴哈生前发表著作，第13—16卷为遗著，第17—21卷为通信，第22卷为附录。

舒芬豪尔编：《费尔巴哈：短著集》（*Ludwig Feuerbach，Kleinere Schriften*），3卷。第1卷（1835—1839），1969年，柏林，科学院出版社；第2卷（1839—1846），1970，柏林，科学院出版社；第3卷（1846—1850），1971年，柏林，科学院出版社。

埃利希·蒂斯（Erich Thies）编：《费尔巴哈文集》（*Ludwig Feuerbach：Werke in sechs Bänden*），1975—1976年，法兰克福，苏尔坎普出版社（Suhrkamp Verlag）。

商务印书馆编辑部
2021年7月

本卷编选说明

本卷德文标题为 *Grundsätze der Philosophie der Zukunft*，于1843年以单行本在瑞士苏黎世出版，在《费尔巴哈全集》第1版中收入第2卷，但被删掉引言；在《费尔巴哈全集》第2版中收入第2卷，引言以注释形式收入。最初的俄文译本收入1923年版的《费尔巴哈文集》第1卷中和1923年莫斯科出版的《唯物主义认识论原理》文集中；俄文版《费尔巴哈哲学著作选集》将此著作收入上卷，由波波夫译成俄文，由鲁宾依照《费尔巴哈全集》第1版第2卷校订；本卷依据《费尔巴哈全集》第2版第2卷译出。

商务印书馆编辑部
2021年7月

目 录

引言……………………………………………………………… 1
正文……………………………………………………………… 3

引　言

这些原理,乃是我的《哲学改造纲要》一书的继续和进一步论证,这部书已被那肆无忌惮的德国出版检查所禁止了。

这些原理,就其最初草稿而言,是预备作为一部完备的书出版的。但是当我誊清这个草稿的时候,德国出版检查所的幽灵侵袭了我——连我自己也不知道是怎样一回事——而我就忍心地将好些地方涂抹了。余下的为那轻率的检查所能容许保留的这一部分,便缩小成为如下的一个简短的篇幅。

我所以称这些原理为"未来哲学原理",是因为一般地说来,现在这种带着狡猾的妄想和卑鄙的成见的时代,对于从那些简单真理中抽象出来的这些原理,是不能——正因为其简单而不能——理解的,更谈不到重视了。

未来哲学应有的任务,就是将哲学从"僵死的精神"境界重新引导到有血有肉的、活生生的精神境界,使它从美满的神圣的虚幻的精神乐园下降到多灾多难的现实人间。为了达到这个目的,哲学不需要别的东西,只需要一种人的理智和人的语言。但是用一种纯粹而真实的人的态度去思想,去说话,去行动,则是下一代的人才能做到的事。因此目前的问题,还不在于将人之所以为人陈述出来,而是在于将人从他所沉陷的泥坑中拯救出来。这些原理,也就是从这种艰苦的工作中所获得的结果。

这些原理的任务,就是从绝对哲学中,亦即从神学中将人的哲学的必要性,亦即人类学的必要性推究出来,以及通过神的哲学的批判而建立人的哲学的批判。因此要想对于这些原理加以评价,必须以对近代哲学的明确的认识为前提。

这些原理,是不会没有后果的。

1843年7月9日于布鲁克堡

1

近代哲学的任务,是将上帝现实化和人化,就是说:将神学转变为人本学,将神学溶解为人本学。

2

这个上帝人化的宗教方式或实践方式,就是新教①。只有作为人的上帝,或人性的上帝,亦即基督,才是新教的上帝。新教并不像旧教那样关心什么是上帝自身这个问题,它所关心的问题仅仅是对于人来说上帝是什么;因此新教并不像旧教那样,具有思辨的或冥想的趋向;新教不再是神学,它在实质上只是基督教义,亦即宗教的人本学。

3

但是新教之否定上帝自身或作为上帝的上帝——因为上帝自身才是原来的上帝——只是在实践方面;在理论方面新教是承认上帝自身存在的。上帝自身是存在的;但是它并不是为一种人即富于宗教信仰的人而存在——它是一种彼岸的实体,这种实体只有在天国里才能成为人的对象。但是在宗教的彼岸的事物,乃是在哲学的此岸的事物。不是宗教的对象的东西,就正是哲学的对象。

---

① 此处的新教指的是不同于传统宗教的新的宗教,而非指 16 世纪脱离罗马普世大公教会而产生的新的宗派 Protestantism。——中文编者

4

用**理性**或理论去论证和溶解那对宗教是彼岸的、不是宗教的对象的上帝,是思辨哲学的任务。

5

思辨哲学的本质不是别的东西,只是理性化了的、实在化了的、现实化了的上帝的本质。思辨哲学是真实的、彻底的、理性的神学。

6

作为上帝的上帝,作为精神实体或抽象实体的上帝,亦即非人性的、非感性的、只能为理性或理智所接受和作为理智的对象的实体,不是别的东西,只是理性的本质自身。但是这个本质被普通神学或有神论凭着想象力设想成为一种与理性不同的独立实体了。因此就产生一种内在的、神圣的必然性,就是那与理性不同的实体终于与理性等同起来,因而上帝的本质必须作为理性的本质而认识、而实现化、而显现化。思辨哲学的重大的历史意义,就是建立在这个必然性上面。

上帝的本质就是理性的或理智的本质,这一点是这样证明的:上帝的特性或属性——当然是就这些特性之为理性的或精神的特性而言——并不是感性或想象力的特性,而是理性的特性。

"上帝是无穷无尽的实体,是不受任何限制的实体"。但是上帝的无限也就是理性的无限。例如我们说上帝是超出感觉范围的实体,那么理性也就是超出感觉范围的实体。如果一个人除了感性的存在之外,不能想象有其他的存在,则这个人只具有一个被感觉所限制的理性,因此他也只具有一个被感觉所限制的上帝。理性将上帝作为一种无限的实体去思想,那只是理性用它自己的无限性来思想上帝。凡是在理性看来属于上帝的东西,对于理性来说也就是真正的理性实体,也就是一种完全适合理性的,因而满足理性的实体。如果一种实体对于某种事物感到满足,则这种事物就不是别的东西,只是那种实体的对象。如果一个人对于一个诗人感到满足,则他自己就具有诗人的天性;如果一个人对于一个哲学家感到满足,则他自己就具有哲学家的天性。一个人具有怎样的性质,则这种性质才能成为满足自己和别人的对象。"理性可并不是停留于感性的有限事物上面的,它只有在无限实体以内才感到满足。"因此我们只有在这个无限实体以内,才能对于理性的本质有所阐明。

"上帝是必然的实体"。但是上帝这个必然性的基础是在于上帝是一个理性的、理智的实体。世界、物质何以存在,何以如此存在,原因并不在世界自身之内;对于世界自身来说,世界是否存在,是如此存在,或不如此存在,是完全一样的①。因此世界必须假定一个其他的实体为其原因,而且必须假定一个理智的、自觉的、按照原因和目的活动的实体。因为如果从理智中除去这一个实体,

---

① 很显明地,我在这里,正如在其他谈到并发挥历史对象的那些段落中一样,并不是站在我个人的立场来说话、来论证的,而是站在各该对象的立场来说话、来论证的,因此在这里我是站在有神论的立场来说话、来论证。——著者

那么世界根源问题又重新产生了。因此最初的最高实体的必然性,是建立在一个前提上面,就是只有理智才是最初的、最高的、必然的、真正的实体。既然一般地说来,形而上学的定义,或者神的本体学的定义,必须还原到心理学的定义,甚至于还原到人类学的定义,才能有其真理性和实在性,那么旧形而上学或者神的本体学中所提到的上帝的必然性,也必须将上帝规定为理智实体的心理学定义或人本学定义之下,才有意义,才有道理,才有真理性和实在性。必然的实体是一种必然可以思议的、完全可以肯定的、完全不可否定的、完全不可扬弃的实体;但是这只是一种自己思想的实体,所以在这个必然的实体中,理性只是证明和指出它自己的必然性和实在性。

"上帝是绝对的、普遍的——上帝不是这个和那个——上帝是不变的、永恒的、无时间性的实体"。但是,绝对性、永恒性、不变性和普遍性,按照形而上学的神学的判断来说,本身也就是理性真理或理性规律的性质,因而也就是理性本身的性质;因为这些不变的、普遍的、绝对的,随时随地有效的理性真理,如果不是理性实体的表现,又是什么呢?

"上帝是独立自存的实体,这个实体是无需其他的实体而存在的,因而是依赖自己而存在的。"但是这个抽象的形而上学的定义,也只有作为理智实体的定义,才有意义,才有实在性,因此这个定义所表示的,只不过是:上帝是一个能思想的、有理智的实体,或者反过来说:只有能思想的实体,才是上帝;因为只有感性的实体需要有在它以外的其他事物才能存在。我需要有空气才能呼吸,需要有水才能喝,需要有动植物的食料才能吃,但是我思想就不需要——最低限度不直接需要——任何东西。我不能想象一个没有空气而能呼吸的实体,一个没有光线而能看的实体,但是我却能想象一个与外物隔离而能思想的实体。能呼吸的实体必须牵涉到在它以外的另一个实体,必须有其主要的对象,只有依赖这个对象像这样存在,然而这个对象则是存在于它之外的。但是能思想的实体,则只牵涉到本身,它是自己的对象,它的本质在它自身之内,它是依赖自己存在的。

7

在有神论中是客体的,在思辨哲学中就是主体。那在有神论中只是被思想的、被想象的理性实体,在思辨哲学中就是能思想的理性实体自身。

有神论者将上帝设想成为一个存在于理性之外和一般人类之外的,具有人格的实体,他是自己作为主体去思想作为客体的上帝。有神论者将上帝设想成为一种实体,这种实体从有神论者的观念说来,是一种精神的、非感性的实体;但是从其存在说来,亦即从真实性说来,则是一种感性的实体,因为一种客观的、在思维或观念以外的存在,它的基本特征,就是感觉性。有神论者将上帝与自己分开,其意义正如将感性的事物与实体本身分开,认为是存在于自身之外的东西一样。简言之:有神论是从感觉立场上去思想上帝的。思辨神学或思辨哲学则正好相反,它是从思想立场上出发去思想上帝的。因此对于它来说,在它自身与上帝的中间,并无一种感性实体的观念在作梗,因为它可以毫无阻碍地将被思想的、客观的实体与能思想的、主观的实体合一起来。

上帝从人的客体转变成为人的主体,转变成为人的能思维的"自我",从以往的发展看来,大约是这样产生的:就是上帝是人的对象,而且仅仅是人的对象,并不是动物的对象。而一个实体是什么,只有从它的对象中去认识,一个实体必须牵涉到的对象,不是别的东西,只是它自己的明显的本质。草食动物的对象是植物,而由于这样的对象,这种动物的本质,就与其他肉食动物有所不同。又如眼的对象是光而不是声音,不是气味,而眼的本质就在眼的对象中向我显现出来。说某一个人是否看得见,和说某一个人是否有眼睛,是同样的意思。因此我们在生活中也只是按照事物和实体的对象来称呼事物和实体。"眼是光的器官"。谁耕种土地,谁就是农夫;谁以打猎为生,谁就是猎人;谁捕鱼,谁就是渔夫,诸如此类。因此如果上帝是——其实必然地并且主要地是——人的对象,那么在这个对象的本质中所表示出来的,只是人自己的本质。你想想看,一个在某个行星上面的、或在某个彗星上面的、能思想的实体,如果读了基督教教义学中关于上帝本质的几段教义,他从这几段教义中将作出什么结论呢?他会认为有一个基督教教义的意义下的上帝存在吗?不会的!他从这段教义中只能推出一个结论,就是在地球上面也有能思想的实体存在;从地球上的人对上帝所下的定义中,只会发现地球上的人自己的本质。例如:从上帝是一种精神这个定义中,他就只会发现地球上的人也有自己的精神的证据和表现。简言之:他会从客体的本质和性质推到主体的本质和性质,这是完全正确的:因为对于这个客体而言,对象自身与人的对象之间的区别,就从而去掉了。这种区别只有在直接感觉的时候才发现的,所以它不只是人的对象,而且是在人以外的实体的对象。光不只是对人存在,它也刺激动物、植物和无机物;光是一种普遍的实体。因此为了了解什么是光,我们不只要观察光给我们的印象和对我们的作用,而且还要观察光给那些与我们不同的、其他的实体的印象和对于它们的作用。因此就必然地、客观地树立了对象与我们的对象之间的区别,即树立了实际上的对象与我们的思维和观念中的对象之间的区别。但是上帝只是人类的对象。动物和星宿只是在人的意义之下赞美上帝。所以上帝本质的特点,就是他不是人以外的其他实体的对象,上帝是一种人类特有的对象,是一种人类的秘密。但是,如果上帝只是一种人类的对象,那么上帝的本质对我们表示什么呢?它所表示的,不是别的,只是人的本质。一个实体以最高实体为对象,那么这个实体本身也就是最高实体。动物愈将人类作为对象,它的地位愈高,它便愈加接近人类。一种动物如果以人之为人,以真正的人的本质为对象,那么它就不再是动物,本身就是人了。只有同类的实体可互为对象,并且这样彼此并不因而不同。上帝的本质与人的本质的同一性,当然有神论者也是意识到这一点的。但是,因为有神论者虽然将上帝的本质放到精神里面,然而同时又将上帝设想成为一种存在于人之外的感性实体,所以在有神论看来,这种同一性只是感性的同一性,只是一种相似性或相近性。相近性所表达的意思与同一性是相同的,可是相近性同时与一个感性观念相结合,就是认为相近的实体是两个独立的实体,亦即两个感性的,彼此分别存在的实体。

8

普通神学将人的立场当作上帝的立场,思辨神学则正好相反,是将上帝的立场当作人的立场,甚至于当作思想家的立场。

上帝对于普通神学来说,是客体,正如任何一种其他的感性客体一样;但是上帝对于普通神学又是主体,并且正如人的主体一样:上帝创造出他以外的事物,他与自己有联系,同时又与他以外的其他实体有联系,他爱自己和思想自己,同时也爱其他实体和思想其他实体。简言之:人是将自己的思想和热情当作上帝的思想和热情,将自己的本质和立场当作上帝的本质和立场。思辨神学却将这种情况倒转过来。因此在普通神学中上帝是一种自相矛盾的东西,因为应当是一种非人的、超人的实体,然而按照他所有的定义看来,事实上他却是一种人的实体。在思辨神学或思辨哲学中则正好相反,上帝是一种与人矛盾的东西,上帝应当是一种人的实体——至少是一种理性的实体——然而事实上却是一种非人的、超人的亦即抽象的实体。超人的上帝在普通神学中,只是一种说教的花言巧语,一种想象,一种幻想的玩艺;然而相反地,在思辨哲学中,上帝则是真理,则是更其严肃的实在。思辨哲学之所以遇到激烈的矛盾,只是由于它将有神论中认为只是一种幻想的实体,一种渺茫的、不定的、遥远的实体的那个上帝,当作一种现实的、确定的实体,从而将一个遥远的实体被那在暧昧的想象中所玩弄的那种虚幻的魔法破坏了。于是有神论者就愤怒起来,因为照黑格尔看来,逻辑既然是对上帝的永恒的、先于万物的本质的陈述,然而在数量学说中,在关于外延和内涵的理论中,却能处理分数、乘方、比例等问题。他们非常震惊地喊道:这个上帝怎样能成为我们的上帝呢?但是,如果这个上帝不是脱离暧昧观念的迷惑到达确定思想的光明的那个上帝,如果不是有神论所说的那个按照质量、数量、重量创造万物并使万物条理化的那个上帝,则他又是什么?如果上帝是按照数量和质量来创造万物并使万物条理化,那么数量和质量在实现成为上帝以外的事物以前,就已经包含在理智之内,因而也包含在上帝本质之内了。因为上帝的理智与上帝的本质之间,是毫无区别的。如果这种情形到今天还没有改变,那么数学不是也属于神学的玄秘之内了吗?但是一种实体在想象中和观念中的表现,当然是与在真理中和现实中的表现完全不同的。同一的实体在那些只看表面只看现象的人看来,竟成为两种完全不同的实体,这是毫不足为奇的。

9

上帝的本质的主要特质或属性,就是思辨哲学的主要特质或属性。

10

上帝是纯粹的精神,纯粹的实体,纯粹的活动,纯粹的行动——没有欲望,不受外来的规定,没有感觉,没有物质。思辨哲学就是这个纯粹精神,这个纯粹活动现在化为思维活动,就是绝对实体现实化成为绝对思维。

以前所有感性的、物质的事物的抽象,曾是神学的必要条件,如今这个抽象也是思辨哲学的必要条件;只有一点不同,就是神学抽象的对象虽然是通过抽象作用而来,但是同时仍然被设想成为一种感性实体,所以这种抽象本身仍然是一种感性的抽象;至于思辨哲学的抽象,则是一种精神的、思想的抽象,只有一种科学的或理论的意义,而无任何实践的意义。笛卡尔哲学从感觉世界的抽象和物质的抽象开始,这就是近代思辨哲学的开始。但是笛卡尔与莱布尼茨将这种抽象只看作一种主观条件,只看作一种认识非物质的上帝本质的主观条件。他们将上帝的非物质性设想成为一种不依靠抽象,不依靠思维而存在的客观特性;他们是站在有神论的立场,将非物质的实体只当作哲学的客体,而不当作哲学的主体、哲学的能动原则和哲学实在本质的自身。当然对于笛卡尔和莱布尼茨来说,上帝也是哲学的原则,但是他们的上帝只是一种有别于思维的客体,因而只是一种普遍概念中的原则,观念中的原则,而不是事实上的原则。上帝只是物质、运动和活动的最初的和普遍的原因,而特殊的运动和活动,一定的实际物质的事物,则是可以离开上帝独立地加以观察和认识的。笛卡尔与莱布尼茨只是一般说来,是唯心主义者,而在特殊的方面则是唯物主义者。只有上帝才是彻底的、完全的、真正的唯心主义者;因为只有上帝才是毫不模糊地思想一切事物的,就是说,在莱布尼茨的意义之下,只有上帝是不用感觉和想象力思想一切事物的。上帝是纯粹的理智,即离开一切感性和物质的理智;因此在上帝看来,物质的事物乃是纯粹的理智实体、纯粹的思想;在上帝看来,物质是根本不存在的,因为物质只是建立在暧昧的即感性的观念上面。但是在莱布尼茨哲学中,人已经具有一部分的唯心主义,如果没有一种非物质的能力,从而没有非物质的观念,那么怎样可能设想一种非物质的实体呢?因为人除了感觉和想象力以外,还有理智,而且理智是一种非物质的、纯粹的实体,因为它是能够思想的。只是人的理智不像上帝的理智或上帝的实体那样纯粹,那样无边无际的纯粹。

所以人，关于莱布尼茨这个人，只是一个部分的、一半的唯心主义者。只有上帝才是一个完全的唯心主义者，只有上帝才是"完善的哲学家"，像沃尔夫所称他的那样；也就是说：上帝是晚期思辨哲学的绝对唯心主义的完成了的、贯彻到各个细节的理念。那么理智是什么，一般上帝本质又是什么呢？一般上帝本质不是别的，就是理智，就是那个脱离外来规定的人的本质，这些外来的规定在一定的时间之内是对人的一种限制，虽然这种限制也可能是实在的，也可能是想象的。一个人如果没有与感觉分离的理智，如果不认为感觉是一种限制，就不会将一个无感觉的理智设想成为最高的、真正的理智。可是，一件事物的理念，如果不是它的本质，它的清除了它与其他事物发生联系的实际中所受到的限制和掩盖的本质，那么这个理念又是什么呢？因此在莱布尼茨看来，人的理智的限制，就在于理智被唯物主义束缚住了，也就是说：被暧昧的观念束缚住了；这些暧昧的观念本身之所以产生，又是由于人与其他实体、与整个世界发生了联系。但是这种联系并不属于理智的本质，反而与理智相矛盾，因为理智是自在的、亦即在理念中、非物质的、亦即为自己存在的、独立的实体。而这个理念，这个不带任何唯物主义色彩的理智，正是上帝的理智。但是在莱布尼茨看来，只是理念的那个东西，在以后的哲学中则成了真理和现实。绝对唯心主义不是别的东西，就是莱布尼茨有神论中那个上帝理智的现实化，就是不带一切事物的感觉性质的那个纯粹理智的有系统的发展。那个纯粹理智使一切事物成为纯粹的理智实体，成为思想的事物；它是不为任何异于理智的东西所沾染的，它只管自己的事情，它自己就是一切实体的本质。

11

　　上帝是一个思想的实体；但是上帝所思想、所理解的也和他的理智一样，是与他的本质并无区别的。因此当上帝思想事物的时候，他只是思想他自身。因此上帝永远与自身处在不可分割的统一中。而这个思想者和被思想者的统一，就是思辨思维的秘密。

　　例如在黑格尔的《逻辑学》中，思维的对象与思维的实体是并无区别的，思维与自身处在不可分割的统一之中。思维的对象只是思维的范畴，纯粹呈现在思维之中，并不具有任何思维以外的东西。但是逻辑的本质，也就是上帝的本质。上帝是一个精神的、抽象的实体，但是他同时又是一切实体的实体，这个实体包括了所有的实体，并且与上帝这个抽象实体是统一的。可是那个与一种抽象的精神实体同一的实体又是什么呢？这样的实体自身也就是抽象实体——思维。事物存在于上帝以外与存在于上帝以内是根本不同的。存在于上帝以内的事物与实际事物的不同，正如作为逻辑对象的事物之不同于作为实际直观对象的事物不同一样。然而上帝的思维与形而上学的思维之间的区别究竟在哪里呢？它们之间的区别，只在于一种想象的区别，只在于虚构的思维与实际的思维之间的区别。

12

　　上帝的知识或思维是事物的原形，是先于事物的，是创造事物的；人的知识是事物的反映，是后于事物的。它们之间的区别不是别的，就是先天的或思辨的知识与后天的或经验的知识之间的区别。

有神论虽然将上帝设想成为一种思维的或精神的实体,而同时却又将他设想成为一种感性的实体。因此有神论就将直接感性的、物质的作用与思维和神的意志结合了起来。不过这种作用与思维的本质和意志的本质是矛盾的,只不过是自然力量的一种表现。这样一种物质的作用,亦即感性力量的一种单纯的表现,首先就是实际物质世界的创造或产物。但是思辨神学,则正好相反,它将这个与思维本质相矛盾的感性活动转变成为一种逻辑的或理论的活动,将对象的物质产物转变成为概念的思辨产物。在有神论中,世界是上帝的一种时间上的产物,世界存在了几千年,在有世界以前就有了上帝。在思辨哲学中则相反,世界或自然之后于上帝,只是从等级、从重要性来说的;现象要以本体为前提,自然要以逻辑为前提,这是从概念来说的,而不是从感性存在来说的,因而也不是从时间来说的。

有神论不只将思辨的知识移置到上帝中,而且将感性的、经验的知识移置到上帝中,而且最精明地完成了这个工作。既然先于世界、先于事物的上帝的知识,是在思辨哲学的先验知识中得到实现,那么上帝的感性知识也只有在近代经验科学中才得到它的实现,得到它的真理性和现实性。最完善的知识,亦即上帝的感性知识,不是别的,就是最高度的感性知识,就是渗透到事物最细致的部分和最精微的个别方面的知识。托马斯·阿奎那说:"上帝之所以为全知,正是因为他知道最微细的事物。"这种知识并不是马马虎虎地将人的头发束成一个把子,而是一根根地来细数,将每一根头发作为头发来认识。这种上帝的知识,在神学中只是一种观念,一种幻想,但是在用望远镜和显微镜得来的自然科学知识中,则变成理性的现实知识了。自然科学数过天上的星宿、鱼和蝶腹内的卵、昆虫翅膀上的斑点,以辨别这些物体的不同点。自然科学曾经用解剖方法证明柳树蛾的幼虫头上有二百八十八条肌肉,身体上有一千六百四十七条肌肉,胃和脏腑上有二千一百八十六条肌肉。难道我们还能作更多的要求吗?因此在自然科学中我们得到一个生动的例子,可以用来说明下面这个真理,即:人对于上帝的观念,就是个别的人对于人类的观念;作为一切实在性或一切完满性的总体的上帝,不是别的,就是为人们所分有的,在世界历史过程中实现的那些人类特性的总体,这个总体是为了受限制的个人的方便而提纲挈领地概括出来的。自然科学的领域,从量的范围来说,对于个人完全是一种无法全面认识的、莫测高深的领域。谁能够同时数天上的星宿,又数昆虫身上的肌肉和神经呢?里欧奈特就因为解剖柳树蛾而失去了视觉。谁能同时观察月球上高山和深谷之间的差别,又观察无数石螺和双壳螺之间的差别呢?但是个别的人所不知所不能的事,人们集合起来就会知道的,会做到的。因此那种同时认识一切个别事物的上帝的知识,是在全人类的知识中得到实现的。

　　和上帝的无所不知性一样,上帝的无所不在性也是同样在人中间得到实现的。当一个人感觉到月球上或天王星上所发生的事件的时候,另一个人就去观察金星或毛虫的脏腑,或者去观察另外一个过去在无所不知和无所不在的上帝统治之下为人眼所观察不到的地方。是的,当人以欧洲为立足点去观察这个星宿时,人同时也以美洲为立足点去观察同一个星宿,一个人的力量绝不能做到的事,两个人就做到了。可是上帝是同时在所有的地方存在的,并且是同时不分巨细地知道一切事物的。诚然是这样的,不过必须注意,这种无所不知和无所不在,只存在于观念之中,因此不能忽视前面已经多次地提到的想象的事物与实际事物之间那个重要差别。在想象中当然对毛虫身上的四千零五十九条肌肉一视无遗,但是在实际上这些肌肉是分别存在的,只有一条一条顺着次序地来看。因此受到限制的人可以在他的想象中,将人类知识范围也设想成有限制的。然而事实上即使他掌握这些知识,也永远不能掌握这些知识的全部。我们可以举出一门科学即历史为例,在思想中将世界史划分为各个国家的历史,将各个国家的历史划分为各个省份的历史,将各个省份的历史再划分为城市编年史,将城市编年史再划分为家族历史,个人传记。一个个别的人怎样能喊道:我已经掌握了人类历史的全部知识呢?因此在我们想象中,我们的一生,不管是过去还是未来,即使我们将未来尽量延长,也还是非常短促的,所以我们在做这种想象的瞬间,就感觉到不得不用一种不可思议的、无穷的死后生命来补充那在我们面前消逝着的短促的一生。但是实际上,就是一天,甚至于一小时,又是多么的长久!这种想象中的时间与实际上的时间的差别从哪里来的呢?这是由于观念中的时间是空虚的时间,所以没有东西作为计算它的起点和终点的标准,而现实的一生则是充实的时间,在这种时间之内,有各种各样的困难堆积而成的山岳,屹立于现在和未来之间。

13

绝对的无假定性,这个思辨哲学的出发点,不是别的,就是上帝实体的无假定性和无开端性,亦即上帝的绝对性。神学分别开上帝的动的特性和静的特性。但是哲学则将静的特性转变为动的特性，将上帝的整个本质转变为活动性，转变为人的活动性。这一点也可以说是本节的对象。哲学无所假定——这只不过是说：哲学从一切直接感受的客体中，亦即从与思维不同的客体中进行抽象，简言之：是从人们所能抽象的一切中进行抽象，而且并不停止思想，而且将这种从一切对象中进行抽象的活动当作自己的出发点。但是绝对的实体岂不就是一种无所假定的，在它以外别无其他事物，也无其他事物存在的必要的实体，岂不是一种摆脱了一切客体，摆脱了与它不同而又与它不可分的感性事物，因而只有通过这些事物的抽象化才能成为人的对象的实体吗？上帝所解脱的，如果你想朝着上帝走，你就必须使自己也不为它所束缚，而且当你想象上帝的时候，你就使自己真正地自由了。因此如果你将上帝设想成一个不假定任何其他实体或客体，那么你也就将自己设想成不假定外在的客体，你加在上帝身上的特性，就是你的思维的一种特性。在上帝是存在的，或被想象为存在的，在人则只是行为。那么声称"我确实存在，因为我存在"的那个费希特的"自我"，以及黑格尔的那个纯粹无假定的思维，岂不就是旧的神学和形而上学中转化为具体的、积极的、能思维的人的实体的那个上帝实体吗？

14

就思辨哲学之为上帝的现实化来说，思辨哲学是上帝的肯定，同时又是上帝的扬弃或否定，是有神论，同时又是无神论；因为上帝只有在被设想成为一种不同于人和自然的独立实体的时候，才是上帝，才是神学意义中的上帝。有一种有神论，既肯定上帝，同时又否定上帝,也可以倒转过来说,既否认上帝,同时又承认上帝,这就是泛神论。而真正的神学的有神论,却不是别的,就是想象的泛神论,泛神论也不是别的,就是实在的、真正的有神论。

有神论与泛神论不同之点,仅仅在于有神论将上帝想象或设想成为一种有人格的实体。上帝的一切特性——上帝必须有其特性,否则他就空无所有,就不能成为表象的对象——乃是现实世界的特性,或者是人的特性,或者是自然的特性,或者是自然和人共同的特性,亦即泛神论的特性;因为不将上帝与自然或人分开,就是泛神论。因此上帝之有别于世界,有别于自然和人类的总体,只是按照他的人格或存在而言,而不是按照他的特性和本质而言的。这就是说,上帝只是被人们设想成为另外一个实体,而实际上并不是另外一个实体。有神论是现象和本质之间的矛盾,是想象和真实之间的矛盾;泛神论则是这两者的统一,泛神论是有神论的赤裸裸的真实表现。有神论的一切观念,如果予以正视,予以认真看待,予以实现和发挥的话,就必然要走向泛神论。泛神论是彻底的有神论。有神论将上帝设想为原因,设想成为一种活生生的、有人格的原因,设想成为世界的创造者:上帝是通过他的意志而将世界创造出来的。但是只有意志还是不够的,一旦有了意志,就必须也有理智:人要做的事情,只是理智的事情。没有理智就没有对象了。因此上帝所创造的事物,在被创造之前,是作为上帝理智的对象、作为理智实体而存在于上帝之内的。根据神学的说法,上帝的理智乃是一切事物和实体的总体。如果这些事物不是从"无"中产生出来,又是从哪里产生出来的呢?不管你在你的想象中将这个"无"设想成为独立存在的,或者将它移置于上帝之中,都是一样的。但是上帝之包括一切，或就是一切，只是在理想的方式之下，在想象的方式之下。但是这个理想的泛神论，现在必须引导向实在的泛神论或实际的泛神论，因为从上帝的理智到上帝的实体，从上帝的实体到上帝的实在，是没有多大距离的。上帝的理智怎样能与他的实体分离，上帝的实体怎样能与他的实体或存在分离呢？如果事物存在于上帝的理智之内，那么它怎样能在上帝的实体以外存在呢？如果事物是上帝的理智的结果，那么何以不是他的实体的结果呢？如果在上帝以内，上帝的实体与上帝的实在是直接等同的，如果上帝的存在是不能与上帝的概念分开的，那么在上帝对事物的概念中，事物的概念与实际的事物怎样能分开呢？在上帝之内又怎样会产生那种仅仅构成有限的、非上帝的理智的差别，那种观念以内的事物与观念以外的事物之间的差别呢？如果我们一旦不再有在上帝的理智之外的事物，那么立刻不再有在上帝实体以外的事物了，最后我们也就不再有在上帝存在以外的事物了——所有的事物都存在于上帝之中，而且是事实上如此，不只在想象中如此；因为如果在一种情形之下，因为事物是存在于观念之中——不管是上帝的观念或是人的观念——亦即只是以理想的或想象的方式存在于上帝之中，那么在这种情形之下，它们必然也就同时存在于观念之外，存在于上帝之外。但是，如果我们一旦不再有存在于上帝以外的世界，那么我们也就不再有存在于世界以外的上帝，不再有任何只属理想的、想象的实体，而只有一个实在的实体。这样，用一句话来说：我们便有了斯宾诺莎主义或泛神论。

有神论将上帝设想成为一种纯粹非物质的实体。但是将上帝规定为非物质的实体，就等于将物质规定为一种虚无的事物，一种非实体,因为只有上帝才是实在的尺度,只有上帝才是存在,才是真理,才是实质,只有适合上帝的,才是存在的,凡是被上帝否定的,就不存在。从上帝推演出物质,并没有什么别的意思,只是说,要通过物质的虚无来建立物质的实有;因为推演就是说出一个理由来,建立根据。上帝创造了物质。但是是怎样创造的,为什么创造的,拿什么来创造的呢?对于这一系列的问题,有神论者完全没有答复。在有神论看来,物质是一种纯粹不能解释的存在,这就是说,物质乃是神学的界限,神学的尽头,神学无论在生活上或在思想上,一遇到物质,就破产了。如果我不否定神学,那么我怎样能从神学中推演出神学的终结、神学的否定呢?如果你们离开了理智,那么你们怎样能够找到一种说明的根据、找到一条线索呢?你们怎样能够从物质的否定或世界的否定中——这就是神学的本质——从"物质不存在"这个命题中,推演出物质的肯定,推演出"物质是存在"这个命题,而抛开神学中的上帝不管呢?如果不是凭着纯粹的虚构,是凭着什么呢?如果将上帝自身规定为物质的实体,那么物质的事物才能从上帝那里推演出来。只有这样,上帝才能从一个仅属想象的世界原因转变为实际的世界原因。谁不以做鞋为耻,谁也就不以做一个鞋匠为耻。汉斯·萨克斯是鞋匠同时又是诗人。但是鞋是他的手的作品,而他的诗则是他的头脑的作品。结果是怎样的,原因也就怎样的。但是物质并不是上帝,物质倒是有限的东西,非上帝的东西,倒是否定上帝的东西——无条件地崇拜和信从物质的人乃是无神论者。因此泛神论将无神论与有神论结合起来,这就是将上帝的否定与上帝结合起来,上帝是一个物质的实体,用斯宾诺莎的话来说,是一个广袤的实体。

15

泛神论是神学的无神论,是神学的唯物主义,是神学的否定,但是它本身是站在神学的立场上的;因此它将物质、将上帝当作上帝的属性或宾词。可是谁将物质当作上帝的一种属性,谁就是宣布物质是一种神圣的实体。一般地说来,上帝的现实化,是以实际事物具有神性,亦即具有真理性和实在性为前提的,而实际事物,亦即物质存在物的神圣化——唯物主义、经验论、实在论、人文主义——神学的否定,则是近代的本质。因此,泛神论不是别的,就是提高为神性本质,提高为一种宗教原则的近代的本质。

经验论或实在论,一般地说来,是包括所谓实际科学,尤其是自然科学,它是否定神学的;但是并不是在理论上否定,而是在实践上否定,就是说,是通过事实来否定的,因为实在论者将上帝的否定,或者至少将非上帝的事物,当作他的生活的主要任务,当作他的活动的主要对象。但是,谁将精神和感情仅仅集中于物质事物上、感性事物上,谁就是事实上否认了超感觉的事物的实在性;因为只有真正实际活动的对象,才是实在的,至少对于人才是实在的。"我所不知道的东西,是不能使我感动的"。说对于超感性的事物不能有所知,乃是一种遁词。如果不想去知道上帝和神性的事物,那么对于这些事物就只有一无所知。当上帝、魔鬼、天使等超感性事物是一种实际信仰的对象的时候,人们对于上帝、魔鬼、天使所知道的是怎样地多! 对于某种事物发生兴趣的人,也就有能力去知道那种事物。中世纪的神秘主义者与经院哲学家们之所以对于自然科学那样无能为力，那样笨拙，只是因为他们对于自然毫不发生兴趣。凡心意所在的地方，就不会没有感觉，没有官能。感情专注的事物，对于理智也不是一种秘密。近代人之所以对于超感性世界及其秘密失去官能，只是因为他失去了对于这种世界的信仰和心意，只是因为他的主要趋向乃是一种反基督教的、反神学的趋向，亦即人本学的、宇宙论的、实在论的、唯物主义的趋向[①]。因此斯宾诺莎一针见血地提出了他的似乎具有矛盾的命题：上帝是一种广袤的实体，亦即物质的实体。他找到了真正的哲学的说法——至少在他的时代是这样——来表达近代的唯物主义趋向。斯宾诺莎合法化了这种趋向，核准了这种趋向：上帝自身就是唯物主义者。斯宾诺莎的哲学乃是宗教，他本人也具有宗教的性格。在他的哲学中，不像在无数其他的人的哲学中那样：唯物主义同一种反唯物主义的、非物质的上帝观念相矛盾。在他的哲学中，唯物主义只是彻底地将那些反唯物主义的、宗教的趋向和事务作为人类的义务罢了；因为上帝不是别的，只是人的原型和本相，上帝是怎样的，人也就应当是怎样，而且愿意是这样，或者至少希望将来成为这样。但是只有在理论不否认实践，实践也不否认理论的时候，才有真理，才有宗教，才有宗教的性格。斯宾诺莎是现代无神论者和唯物主义者的摩西。

16

泛神论是理论神学的否定，经验论是实践神学的否定——泛

[①] 在这本书里，唯物主义、经验论、实在论和人文主义之间的区别，当然是无关紧要的。——著者

神论否定神学的原则,经验论则否定神学的结论。

泛神论将上帝当作一种现实的、实在的、物质的实体。经验论连同唯理论则将上帝当作一种不现实的、渺茫的、虚幻的、消极的实体。经验论并不否认上帝存在,只是否认上帝的一切积极特性,因为积极特性的内容只是一种有限的、经验的内容,因此无限的东西不能成为人的对象。但是我愈否认某一种实体的特性,我也就愈将这种实体安排在与我的联系之外,也就愈减少它对我发生的力量和影响,也就愈使我摆脱它的束缚。我所有的性质方面愈多,我与其他的人的接触也就愈多,我的作用范围和我的影响也就愈大。一个人的作为愈多,人们对他所知道的也就愈多。因此对于上帝某一种特性的某一否定,就是一种部分的无神论,就是一种无神论的界域。我排除了多少上帝的特性,我也就排除了多少上帝的存在。譬如说,如果同情、怜悯并不是上帝的特性,那么我就只有自己忍受一切痛苦——上帝并不是作为我的安慰者而存在的。如果上帝是一切有限事物的否定,那么有限事物就彻底是上帝的否定了。一位宗教徒推断道,仅有上帝想到我的时候,我才有根据和理由去思想上帝,我为上帝而存在的根据,只是在于上帝为我而存在。因此对于经验论说来神学的实体事实上是不存在的,也就是说,并不是什么真实的东西。但是经验论并不将这个不存在放在对象方面,而只是放在自己的方面,放在自己的认识方面。经验论并不否认上帝的那种僵死的、漠然的存在,但是它否认上帝那种证明自己存在的存在——否认上帝的积极的、可以感觉的、干涉生活的存在。经验论肯定上帝,但是否定一切与这个肯定有必然联系的结论。经验论驳斥神学,取消神学,但是并不是由于理论上的理由,而是由于对于神学的对象的憎恶和嫌厌,也就是说,由于对于神学的非现实性的一种暧昧的感情。经验论者心里想道:神学是毫无价值的,但是他接着想道:神学对于我是毫无价值的。这就是说,他的判断是一种主观的、病态的判断,因为他没有将神学的对象提交理性法庭的自由,也没有那种兴趣。这是哲学的责任。因此近代哲学的任务不是别的,只是将经验论的病态的判断,即认为神学毫无价值可言的那个判断,提高为一种理论的、客观的判断——将那种对于神学的间接的、不自觉的、消极的否定转变成一种直接的、自觉的、积极的否定。由此可见,想压制哲学上的无神论,而不同时压制经验上的无神论,是多么可笑的事情!追究对于基督教的理论上的否定,而同时听任那些充满了近代的对于基督教的理论的否定存在,是多么可笑的事情!以为清除了罪恶的意识亦即罪恶的象征,同时也就清除了罪恶的原因,又是多么可笑的事情!是的,多么可笑!但是历史上居然充满了这类可笑的事情!这类可笑的事情每逢紧急关头的时候,就一再地出现。这是不足为奇的;对于过去的时代,人们容忍一切。人们承认已经发生的变化和革命的必然性,但是要将这种必然性应用在当前事件上,人们就挥手蹬足地拒绝了;人们由于短见和苟安,竟将"现在"当作规律所不能管制的例外。

17

将物质提高为一种神性本质,同时也就是将理性提高为一种神性本质。有神论者由于感情的需要,由于无限幸福的追求而用想象力否定了上帝的物质性,泛神论者则由于理性的需要而肯定这种物质性。物质乃是理性的一个主要对象。如果没有物质,那么理性就不能刺激思维,就不给思维以材料,就没有内容。如果不排除理性,就不能排除物质,如果不承认理性,就不能承认物质。唯物主义者乃是唯理论者。但是泛神论之肯定理性为神性本质,只是间接地,——只是将上帝从一种在有神论中被当作人格性实体的想象实体转变为一种理性对象,一种理性实体。唯心主义才是直接地将理性神化。泛神论必然要走到唯心主义。唯心主义对于泛神论的关系,正如泛神论对于有神论的关系一样。

客体是怎样,主体也就是怎样。按照笛卡尔的说法,有形事物的本质,作为本体的物体,并不是感觉的对象,而是理智的对象;但是正因为如此,感觉主体的本质,按照笛卡尔的说法,并不是感觉,而是理智。只有作为客体的实体,才能成为实体的对象。按照柏拉图的说法,意见只是以不定的事物为对象,正因如此,所以意见本身乃是一种不定的、可以改变的认识,——只是意见。在音乐家看来,音乐的本质是最高的本质,——因此听觉是最高的官能,音乐家宁可失掉眼睛,而不愿失掉耳朵。自然科学家则相反,他宁可失掉耳朵,而不愿失掉眼睛;因为他的客观对象乃是光。如果我将声音神化了,那么我也就将耳朵神化了。因此,如果我像泛神论者那样说,上帝——称之为绝对实体、绝对真理和绝对实在都是一样——只是对理性存在的,只是理性的对象,那么我就是宣布上帝为理性事物或理性实体,从而只是间接地说出理性的绝对真理性和实在性。因此,理性必须回返到自身,必须将这个颠倒的自我承认翻转过来,必须将自己当作绝对真理表示出来。必须直接地,无须通过客体的媒介,作为绝对真理的对象。泛神论者所说的话,就是唯心主义者所说的话,只是泛神论是站在客观的或实在论的立场说话的,唯心主义则是站在主观的或唯心主义的立场说话的;泛神论者的唯心主义是建立在对象之中;本体以外,上帝以外,是一无所有。事物,一切事物都只是上帝的特性。唯心主义者的泛神论则是建立在"自我"之中;"自我"以外,是一无所有,一切只有作为"自我"的对象而存在。但是唯心主义也是泛神论的真理,因为上帝或本体只是理性的对象、"自我"的对象、思维实体的对象。如果我们根本不信仰上帝,不去思想上帝,那么我就没有上帝;上帝只是通过我而对我存在,通过理性而对理性存在;——因此所谓先验,所谓最初的实体,并不是被思想的实体,而是思想的实体,并不是客体,而是主体。所以自然科学必然从"光"追溯到眼睛,哲学必然从思维的对象上追溯到"我思想"。如果没有眼睛,那么作为照明的、发光的实体的光,作为光学的对象的光究竟是什么呢?什么都不是。自然科学只能到此为止,但是哲学家则继续地追问,没有意识的眼睛又是什么?同样也是什么都不是。我无意识地看,就等于我不看。看的意识才是看的实在或实在的看。但是你何以相信事物存在于你之外呢?这是因为你看到、听到、触到一切东西。因此这种东西只有作为意识的对象之后,才成为一种实际的东西,一种实际的对象——因此意识是绝对的实在或绝对的实际,是全部存在的尺度。一切存在的事物,只是作为对意识存在而存在,只是作为被意识到的事物而存在;因为只有意识才是存在。神学的本质,就是怎样实现于唯心主义之中,上帝的本质,就是这样实现于"自我"之中,实现于意识之中。没有上帝,任何事物就都不能存在，就都不能被思想。这些话在唯心主义的意义之下就是说，一切只是作为意识的对象而存在，不管这些事物是实在的还是可能的；存在的意思就是成为对象，所以要以意识为前提。事物，整个世界，乃是绝对实体，上帝的一种作品，一种产物；但是这个绝对实体乃是一个"自我"，一个有意识的、能思想的实体；因此正如笛卡尔高明地从有神论观点所说的，世界是一个神圣理性的实体，是一种思想物，是一种上帝思想出来的东西。但是这种思想物在有神论中，在神学中本身又只是一个暧昧的观念。因此，如果我们将这个观念加以实现，如果我们将那在有神论中只为理论的东西在实践上加以发挥和体现，那么我们便该指出，世界是自我的产物（费希特）。或者是——至少当它对我们呈现时，当我们直观它时是如此——我们的直观、我们的理智的一个作品或产物（康德）。"自然是从一般经验的可能性的规律中引申出来的"。"理智并非从自然中取得它的规律（先验的规律），而是为自然制定规律。"在康德的唯心主义中，事物是受理智的支配，不是理智受事物的支配，因此这种唯心主义不是别的，就是上帝理智这一神学观念的现实化，上帝的理智并不是事物所决定的，而它却是决定事物的。因此将天上的唯心主义、亦即想象的唯心主义当作一种神圣的真理而加以承认，却将地上的唯心主义、亦即理性的唯心主义当作一种人的错误而加以斥责，是一件多么愚蠢的事情！假如你们否定唯心主义，那么你们也就同时否定上帝！上帝只是唯心主义最初的创始人，如果你们不要结论，那么你们也就不要原则了！唯心主义不是别的，就是理性的或理性化了的有神论。不过康德的唯心主义还是一种有限制的唯心主义——建立在经验论基础上的唯心主义①。在经验论看来,根据以上的发挥来说,上帝就只是一种存在于观念中和理论中——一般的、不好的意义的理论下——的实体,而不是一种事实上和实际上的实体;上帝是一种自在之物,而不是一种经验论的事物;因为只有那些经验的、实际的事物,才是经验论的事物。物质是经验论思维的唯一材料,所以经验论再没有任何材料给上帝——上帝是存在的,但是在我们看来却是一块白板,一个空虚的实体,只不过是一种思想而已。我们所想象所思维的那个上帝——就是我们的"自我"、我们的理智、我们的本质;但是这个上帝只是我们为了我们自己而显现的现象,而不是上帝自身。康德的唯心主义还是一种受有神论束缚的唯心主义。我们事实上早已从一种事物、一种学说、一种观念中解放了出来,但是在头脑中我们还没有得到这种解放;这种东西在我们的实质里已经不是真理了——也许从来就不是——但是它仍然是一种理论上的真理,就是说:是我们头脑的一种限制。因为头脑以事物为最后基础,头脑最后也要得到解放。理论上的自由,才是最后的自由,至少对于许多事物来说,是如此的。有许多的人在感情上、在信念上是共和派,但是在头脑中则仍然不能越出君主政体一步。他们的共和派的感情一碰到理智所造成的非难和障碍就丧失了。康德的有神论就有这样的情形。康德在道德学中实现了而且又否定了神学,在意志中实现了而且又否定了上帝的本质。对于康德

---

① 列宁在《唯物主义和经验批判主义》一书中关于这个地点写道:"现在请看几个从左边批判康德的典型。费尔巴哈谴责康德,不是因为他的'实在论',而是因为他的唯心主义;费尔巴哈把康德的体系叫作'建立在经验论基础上的唯心主义'。"——俄文编者注(《列宁全集》,人民出版社1957年版,第14卷,第206页)

来说,意志才是真实的、绝对的、起于自身的实体。因此事实上康德是要求意志具有上帝的属性;因此康德的有神论只有理论限制的意义。从有神论解放出来的康德,就是费希特这个"思辨理性的救世主"。费希特是康德派的唯心主义者,不过是站在唯心主义的立场上。按照费希特的说法,只有站在经验的立场上面,才会有一个不同于我们的、存在于我们以外的上帝;但是实际上站在唯心论的立场来说:自在之物和上帝——因为上帝是真正的自在之物——只是"自在之我"。在"自我"之外是没有上帝的,"我们的宗教就是理性"。但是费希特的唯心主义只是抽象的和形式的有神论的否定和实现,只是一神论的否定和实现;并不是宗教的、实质的、有内容的有神论的否定和实现,并不是三神论的否定和实现。黑格尔的"绝对"唯心主义,才是三神论的实现。换句话说:费希特实现了泛神论的上帝,但是他所实现的只是那个作为思维实体的上帝,而不是那个作为广袤的、物质的实体的上帝。费希特的唯心主义是有神论的唯心主义,黑格尔的唯心主义是泛神论的唯心主义。

18

近代哲学实现了并且扬弃了那个与感性、世界、人类脱离并且不同的上帝实体,但是只是在思维中、在理性中进行的,而且用的是一种与感性、世界、人类脱离并且不同的理性。这就是说:近代哲学只是证明了理智的神性,只是将抽象的理智认作上帝的实体、绝对的实体。笛卡尔对作为精神的自我下定义说:"我思故我在"。这个定义就是近代哲学对自我下的定义。康德和费希特的唯心主义中的意志,本身就是一种纯粹的理智实体。至于谢林,与费希特相反,他拿来与理智结合起来的那种直观,则只是一种幻想,并不是真理,所以是不值得注意的。

近代哲学是从神学出发的,它本身只不过是溶化和转变为哲学的神学。因此抽象的和超越的神性本质,只能以一种抽象的和超越的方式来实现和扬弃,要想将上帝转变为理性,理性自身必须采取抽象的神圣实体的性质。笛卡尔说,感觉不能给我们任何真实的实在、任何本质、任何确定性,只有摆脱了感觉的理智才能给我们以真理。理智与感觉的这种分裂是怎样的呢?只是从神学里面来的。上帝不是感性的实体,而是感性的一切特性的否定,只有抽去感性的一切特性才能被认识,然而他是上帝,就是说,他是最真实、最实在、最确实的实体。那么真理是从哪里来到感觉之内,来到那些天生的无神论者的感觉之内的呢?上帝这个实体的存在,是不能离开本质和概念的,因为上帝只能被思想为存在,不能被思想为别的。笛卡尔将这个客观的实体转变为一种主观的实体,将本体论的证明转变为一种心理学的证明,将"上帝是可能思想的,所以上帝是存在的"转变为"我思故我在"。既然在上帝之中,存在与被思想是不能分开的,那么在我之内——我乃是精神,精神是我的本质——存在也就不能与思想分开。这种不可分离性和在上帝之中一样,在我之内,也构成了本质。一种实体,如果只是作为思想的对象,作为抽去一切感性的对象而存在——不管它是自在的,还是对我存在的,都是一样,——那么,它也就必然只能在一个只是作为思维实体而存在,只以抽象思维为本质的实体中实现和主体化。

19

黑格尔哲学是近代哲学的完成。因此新哲学的历史必然性及其存在理由,主要是与对黑格尔的批判有联系的。

20

就新哲学的历史出发点来说,它对以前哲学所负的任务和所处的地位,正和以前的哲学对神学所负的任务和所处的地位是一样的。新哲学是黑格尔哲学的实现,一般说来也是以前的哲学的实现。但是这个实现同时也是以前的哲学的否定,并且是一种无任何矛盾的否定。

21

近代哲学是矛盾的,尤其是泛神论是矛盾的,因为泛神论是站在神学立场上对神学的否定,也就是说泛神论是神学的否定,然而本身又是神学,这个矛盾特别成为黑格尔哲学的特征。

在近代哲学看来,特别是在黑格尔哲学看来,只有非物质的实体,只有那个作为纯粹理智对象,作为纯粹理智实体的实体,才是真正的、绝对的实体——上帝。连斯宾诺莎当作神圣本体的属性看待的那个物质,也是一种形而上学的事物,一种纯粹的实体;因为物质赖以异于理智和思维活动的主要特性,即赖以成为一种能感受的实体的那种特性,已经从物质之中除去了。但是黑格尔与以前的哲学家有一点不同,就是他用另一种方法来规定物质的感性的实体对非物质实体的关系。以前的哲学家和神学家们,是将真实的、神圣的实体思想成为一种从自然中、从感性或物质中解脱出来的实体。他们只是在自己身上用功夫,做抽象的工作,做摆脱感性事物的工作,以求达到那些本来不受感性事物束缚的东西。他们认为上帝的幸福,就在这个"解脱"之内,人的道德也在这个"自我解脱"之内。黑格尔则相反,他将这个主观的活动当作上帝的自我活动。上帝必须亲自担当起这个工作,必须像异教的英雄那样,凭借德性来争取他的德性。因此只有"绝对"的那种摆脱物质的自由,才能成为现实和真理,别的自由只不过是假设,只不过是想象而已。但是,要想将摆脱物质的那种自我解脱放在上帝之中,就只有同时将物质也放在上帝之中。可是怎样才能放在上帝之中呢?只好让上帝自己去放吧。但是上帝之中只有上帝。那就只好让上帝将自己当成物质,当成非上帝,当成上帝的反面。这样物质就不是一种以不可理解的方式事先设定的与"自我"、与精神的对立:物质乃是精神的"自我外化"。于是物质本身就得到了精神和理智;物质就作为绝对本质的一个存在环节、构成环节和发展环节被容纳进绝对本质之中了。可是,一旦这个由精神的"自我外化"构成的实体,亦即剥去了物质、剥去了感性的实体,被宣布为完备的实体,宣布为具有真实形态和形式的实体时,物质又同时被当成一种虚幻的、不真实的实体了。所以自然的、物质的、感性的事物——不是一般道德意义之下的感性事物,而是形而上学意义之下的感性事物——在这里还是被否定的事物,正如神学中那个被遗传下来的罪恶所毒害的自然一样。物质事物虽然被容纳进理性、自我、精神之中;却是理性中的非理性成分、"自我"中的"非我"、"自我"的否定,正如谢林哲学所说,上帝中的自然,是上帝中的非上帝,是在上帝之内,而又在上帝之外;又如笛卡尔所说,肉体虽然与"自我",与精神结合在一起,却究竟在"自我"之外,不属于"自我",不属于"自我"的本质,因此肉体与"自我"结合不结合,是无关紧要的。物质与那个被哲学假定为真正实体的实体,永远是互相矛盾的。

将物质放在上帝之中,就是将物质当作上帝看待;将物质当作上帝看待,也就等于说,没有上帝,因此就等于取消神学,承认唯物主义的真理性。但是同时还是假定了神学本质的真理性,无神论对这个神学的否定,因此又被否定了;就是说,神学通过哲学又被建立起来了。上帝只有克服了物质,克服了、否定了上帝的否定,才能成为上帝。按照黑格尔来说,否定的否定才是真正的肯定。因此我们最后又回到了我们出发的那个地点,走到基督教神学的怀抱中来了。因此在黑格尔哲学的最高原理中,已经有了他的宗教哲学的原理和结论,就是说,哲学并未扬弃神学的教条,而只是从唯理论的否定中重新建立起神学的教条。黑格尔辩证法的秘密,最后只归结到一点,就是,他用哲学否定了神学,然后又用神学否定了哲学。开始与终结都是神学;哲学站在中间,是作为第一个肯定的否定,而神学则是否定的否定。开始是一切都被推翻了,但是后来一切又被安置在旧的位置上,如同在笛卡尔哲学中那样。黑格尔哲学是一个最后的巨大的企图,想通过哲学将已经过去了的、没落了的基督教重新建立起来,而且还想用近代哲学一般所应用的方法,使基督教的否定与基督教本身同一起来。那个享有盛誉的、精神与物质的思辨的同一性,无限和有限的思辨的同一性,人和上帝的思辨的同一性,只不过是那个近代的不幸的矛盾,即信仰与不信仰的同一性,神学与哲学的同一性,宗教与无神论的同一性,基督教和异教的同一性,达到了它的最高峰,达到了形而上学的最高峰。这个矛盾在黑格尔哲学中之所以使人迷惑,只是由于它将上帝的否定,将无神论当成一种上帝的客观特性,将上帝规定为一个过程,而将无神论规定为这个过程中的一个环节。但是从不信仰中重新建立起来的那个信仰,并不是一个真正的信仰,因为这始终是一种带着信仰的对立性的信仰;同样情形,一个从上帝的否定中重新建立起来的上帝,也不是一个真正的上帝,而只是一个自相矛盾的上帝了。

22

既然上帝的本质不是别的,只是摆脱了自然限制的人的本质,那么绝对唯心主义的本质也就不是别的,只是摆脱了主观性的理性限制,摆脱了一般感性或对象性的主观唯心主义的本质。由此可见,黑格尔哲学是直接从康德和费希特的唯心主义中引申出来的。

康德说:"如果我们将各种感觉的对象看作单纯的现象——这样做是恰当的——那么我们也就同时承认一个自在之物作为这些现象的基础;虽然我们并不认识这个自在之物本身是怎样构成的,而只是认识它的现象,即只是认识这个不认识的东西作用于我们感觉的方式。正是因为理智承认了现象,所以它也就承认了自在之物的存在,在这个意义之下,我们可以说:表象那些作为单纯的现象的基础的实体以至那些单纯的理智实体,不只是可以的,而且是必需的。"①因此感性的对象和经验的对象对于理智乃是单纯的

---

① 参阅康德:《绪论》,1934年俄文版,第196页。——俄文编者注
[经查,此段引文出自《任何一种能够作为科学出现的未来形而上学导论》(简称《未来形而上学导论》)第32节第2段。请参见《任何一种能够作为科学出现的未来形而上学导论》,庞景仁译,商务印书馆2017年版,第84—85页,边码104—105。——中文编者]

现象，并不是真理。因而感觉对象是不能满足理智的，就是说：是不符合理智的本质的。由此可见，理智的本质是不受感性的限制的，否则它就不会将感性事物看成现象，而要看成是十足的真理了。凡是不能满足我的东西，也就不能局限着我，限制着我。可是理智本质究竟不应当看成理智的实际客体。康德哲学乃是主体和客体的矛盾，本质和现象的矛盾，思维和存在的矛盾。在康德哲学中，本质属于理智，而存在则属于感觉。没有本质的存在是单纯的现象——这就是感性的事物——没有存在的本质，是单纯的思想——这就是理智本质、本体；理智本质是被思想的，但是并不存在——至少对于我们是不存在的——并无客观性。理智本质是自在之物，是真实的事物，然而理智本质并不是真实的事物，因之也不是理智的事物，即不是可以为理智所能规定、所能认识的事物。但是将"真理性"从"现实性"分离开来，将"现实性"从"真理性"分离开来，是一件多么矛盾的事情①！如果我们扬弃了这个矛盾，那么我们就有了"同一哲学"，在这个哲学中，理智对象和被思想的事物，既是真实的，又是实在的；在这种哲学之中，理智对象的本质和特性，是符合理智或主体的本质和特性的；因此在这种哲学中，主体不再为一种存在于它之外、与它的本质相矛盾的物质所限制、所

---

① 列宁在《唯物主义和经验批判主义》一书中关于费尔巴哈的这个论断写道："费尔巴哈从康德的文章中选出这样的一段话来进行了批判。康德在这一段话里认为自在之物不过是想象的物，即想象的本质，而不是实在"；"费尔巴哈谴责康德，不是因为他承认自在之物，而是因为他不承认自在之物的现实性（即客观实在性），因为他认为自在之物是单纯的思想、'想象的本质'，而不是'具有实存的本质'（即实在的、真实存在的本质）。费尔巴哈谴责康德，是因为他离开了唯物主义。"——俄文编者注（见《列宁全集》，人民出版社1957年版，第14卷，第206—207页）

决定。但是一个没有任何事物在自身之外,因而本身并不包含任何限制的主体,也就不再是"有限"的主体,不再是与一种客体相对立的"自我",而是神学上或日常生活上称之为上帝的那种绝对本质了。这种绝对本质,与主观唯心主义的主体或"自我"是相同的——只是没有任何限制;因此这个"自我"就不再成其为"自我",不再成其为主观本质,因而也就不再叫作"自我"了。

23

斯宾诺莎哲学是神学的唯物主义,黑格尔哲学则正好相反,是神学的唯心主义。黑格尔哲学将自我的本质放在"自我"之外,从"自我"中划分出来,将它作为本体、作为上帝而对象化。但是又像斯宾诺莎对待物质那样,将自我当作神性本体的一个属性或形式,从而宣布——间接地和颠倒地宣布——"自我"具有神性,人对上帝的意识就是上帝的自我意识。这就是说,本质属于上帝,认识则属于人。但是在黑格尔哲学中,上帝的本质事实上不是别的,就是思维的本质,或从"自我"、从思维的人抽象出来的思维。因此黑格尔哲学是将思维,亦即将那被思想作为无主体的、异于主体的主观本质,当成了神圣的、绝对的本质。

"绝对"哲学的秘密,因此就是神学的秘密。神学从人的特性中剥去人的特性之所以成为人的特性的那种特性,从而将人的特性当成了上帝的特性,绝对哲学也正是这样做的。"理性的思维是对每个人所要求的;为了将理性思想成为绝对的,亦即为了达到我所要求的观点,就必须从思维中将它抽象出来。一到做这种抽象工作的人眼里,理性就立刻不再是一个主观的东西,如同大多数人所想象的那样；甚至于理性也不再会被人思想为一个客观的东西，因为一种客观的或被思想的东西，只有与一种能思想的东西处在对立状态之内，才成为可能，可是在这里理性是完全从那个能思想的东西里抽象出来了；因此理性通过那种抽象便变成了真正的自在之物，这个自在之物正好落在主观与客观的"两无拘束之点上。"这是谢林说的，黑格尔也正是这个意思。那种被剥去了自己的特性的思维——主观性的活动即存在于这个特性之中——就是黑格尔逻辑学的本质。《逻辑学》的第三部分，虽然明白地称为主观逻辑，但是那些作为《逻辑学》对象的主观性的形式，仍然不应当是主观的。概念、判断、推论，甚至于个别的推论形式和判断形式，如概然判断和实然判断，并不是我们的概念、推论、判断；不是的！这些都是客观的、独立存在的、绝对的形式。绝对哲学就是这样将人固有的本质和固有的活动外化了和异化了，这就产生出这个哲学加给我们精神的压迫和束缚。我们不应当将我们的东西想成是我们的，应当将它从它之所以为它的特性中抽象出来，这就等于说，应当将它想成为没有道理的东西，应当在"绝对"的"无道理"中来了解它。"无道理"乃是神学的最高本质，普通神学是这样，思辨神学也是这样。

黑格尔责备费希特的哲学说：每一个人都认为自己有"自我"，都反省自己，然而却没有在自己身上找到"自我"；这样的责备也适用于一般的思辨哲学。思辨哲学是从人们不能认识事物那种意义之下来了解一切事物的。这种过错的根源，正是神学。神圣的、绝对的实体必须与有限的即现实的实体分别开来，但是我们除了能将现实事物规定之外，不管这些事物是自然的还是社会的——对于"绝对"是不能作任何规定的。那么,这些规定是怎样变成"绝对"的规定的呢?只有不在这些规定的实际意义之下来了解它们,而在另一种意义之下,亦即在一种完全相反的意义之下来了解它们。一切在有限事物中的东西,也都在绝对中;但是在绝对中与在有限事物中的情形完全不同,在绝对中发生效用的规律与有限事物的规律完全两样:有限事物中的纯粹荒谬,在绝对中则是理性和智慧。从这里便产生出思辨的无限制的任意妄为,即使用一个事物的名称,而不承认与这个名称相关联的概念。思辨用一种说法来开脱它的任意妄为,说它是从语言中选择出一些名词来表示概念,而"一般意识"则将一些与这种概念很少共同之点的感性观念与这些名词联系起来,这样,它便将责任推到语言身上了。但是责任是在于思辨哲学本身的实质和原则。名词和事物之间的矛盾,观念和思辨概念之间的矛盾,不是别的,就是上帝的特性和人的特性之间的旧的神学的矛盾,这些特性对于人来说,是具有原有的实际意义的;但是对于上帝来说,则仅能在一种象征的类推的意义之下来了解。当然哲学不必注意那些由于一般习惯或误用而与某些名词相联系的观念,但是哲学必须将这些名称与事物的一定本性联系起来,因为名词乃是事物的符号。

24

思维与存在同一,这个同一哲学的中心点,不是别的,只是一种上帝概念的必然结论和发挥,而上帝乃是在概念和本质中包含了存在的实体。思辨哲学只是将神学认为只属于上帝概念的那种特性普遍化了,只是将这种特性当成为思维的特性,当成为一般概念的特性了。因此思维与存在同一,只是表示理性具有神性,只是表示思维或理性乃是绝对的实体,乃是真理与实在的总体,只是表示并无理性对立物的存在,一切都是理性,如同在严格神学中一切都是上帝,一切真实和实在存在的都是上帝一样。但是一种与思维没有分别的存在,一种只作为理性或属性的存在,只不过是一种被思想的抽象存在,实际上并不是存在。因此思维与存在同一,只是表示思维与自身同一。这就是说,绝对的思维并不能脱离自身、并不能离开自身而成为存在。存在永远是一个彼岸的东西。绝对哲学曾经替我们将神学的彼岸的东西转变为我们这一方面的东西,但是为此它也就替我们将现实世界这一方面的东西转变为彼岸的东西了。

思辨哲学或绝对哲学的思维,认为存在与思维自身是有区别的,因为思维自身是有媒介的活动,它将存在看作直接的、无需媒介的东西。在思维看来——至少在我们这里所谓思维看来——存在只不过是这样的东西。思维与存在相对立,但是这种对立是在思维本身之内,因此思维直接毫无困难地将思维与存在的对立扬弃了;因为在思维之中作为存在的对立物的存在,并不是别的东西,就是思维自身。如果存在不是别的东西,只是直接的东西,它之所以不同于思维,又只在于这个直接性上面,那么,我们就不难指出:直接性这个存在的特性,也是思维所具有的。如果是单纯的思想确定性构成了存在的本质,那么存在怎样会不同于思维呢?

25

证明有物存在,并没有别的意义,只不过是证明有一种不只是被思想的事物存在。然而这个证明是不能从思维本身中汲取出来的。如果存在必须附加在思维的客体上,那么思维本身也必须附加上一种与思维不同的事物。

康德在批判本体论的证明时选了一个例子来标明思维与存在的区别,认为意象中的一百元与实际上的一百元是有区别的。这个例子受到黑格尔的讥嘲,但是基本上是正确的。因为前一百元只在我的头脑中,而后一百元则在我的手中,前一百元只是对我存在,而后一百元则同时对其他的人存在——是可摸得着、看得见的。只有同时对我又对其他的人是存在的,只有在其中我与其他的人是一致的,才是真正存在的,这不仅仅是我的——这是普遍的。

在思维本身中,我与我自己同一,我是绝对的主人翁;在思维中,没有任何事物与我相矛盾,我是法官,同时又是诉讼人,因为在思维中的对象与我对对象的思想之间没有任何严重的差别。但是只要一涉及一个对象的存在,我就不能请教自己,就必须询问有别于我的其他证人了。这个有别于我的、作为思维者的证人就是感觉。存在这样一种东西,不只有我个人参加,而且有其他的人,尤其是有对象参加的。存在就是作为主体,就是独立存在。我究竟是主体还是客体,是一个对我自己存在的实体,还是只是一个对其他实体存在的实体,即只是一种思想,这实在不是一回事情。如果我单纯是一个表象的对象,而不再是我自己,就像一个死后的人一样,那么我就必须一切听人摆布,即使别人将我描绘成一幅漫画,我也不能提出抗议。可是,如果我还生存着,那我就能不让他这样做,就能让他知道,并且向他指出,在他想象中的我与实际上的我之间,亦即在作为他的对象的我与作为主体的我之间,是存在着很大的差别的。在思维中我是绝对的主体,我将一切事物当作我这个思维者的对象或属性,我是不容异己的。反之,在感官活动中,我则是放任不羁的,我容忍对象像我自己一样,是主体,是实在的、自己活动的实体。只有感觉,只有直观,才给我以一种作为主体的东西。

26

一个只是思想,而且只是抽象地思想的实体,对于存在、生存、实在,是没有任何观念的。存在是思维的界限,作为存在的存在并不是哲学的对象,至少不是抽象的绝对哲学的对象。思辨哲学用以下的方式间接地表明这一点:在思辨哲学看来,存在就等于非存在,就等于无,但是无并不是思维的对象。

作为思辨思维的对象的存在,是绝对直接的东西,亦即不定的东西,所以存在之中是没有什么可以区别、可以思想的。但是思辨思维本身却是全部实在的尺度,它只认为它自己可以进行活动的、可以作为思维材料的那种东西是实有的。因此在抽象思维看来,因为存在是思想的无有,亦即没有任何思想——无思想的东西——所以存在是绝对的虚无。正因为如此,存在既然被思辨哲学拉进他的范围而概念化了,所以存在也就只是一个纯粹的幽灵,这种幽灵与实际的存在和人们所了解的存在,是绝对矛盾的。人们所了解的存在,就是合乎事实和理性的存在、自为的存在、实在、存在、实际和客观性。这一切特性或名词,只是从不同的观点上来表达同一的事物。思维中的存在,没有客观性,没有现实性,没有独立性的存在,当然就是无,而在这个无之中,我只是表达我的抽象活动的虚无性而已。

27

黑格尔逻辑学中的存在，就是旧形而上学中的存在，这个存在被不加区别地用来陈述一切事物，因为依照旧形而上学的说法，一切事物的共同点，就在于都是存在的；但是这个无区别的存在乃是一种抽象的思想，一种没有实在性的思想。存在和存在的事物一样，也是多种多样的。

例如在沃尔夫学派的形而上学中，上帝、人、桌子、书籍等等的一致之点，就在于这些事物都是存在的。赫利斯强·托玛斯也说："存在到处都是同样的。本质则和事物一样是多种多样的。"这种到处同样的、没有区别的、无有内容的存在，也就是黑格尔逻辑学中的存在。黑格尔本人也会认识到，其所以发生反对存在与虚无同一的争论，只是由于人们给存在假定了一定的内容。但是关于存在的意识永远而且必然与一定的内容相结合的。如果我抽出存在的内容，亦即抽去一切内容——因为一切都是存在的内容——那么我所剩下的，除了关于虚无的思想以外，的确没有其他的东西了。因此，如果黑格尔责备一般意识将不属于存在的东西加给了逻辑对象的存在，那么这个责备倒也是针对自己的；因为他将一种毫无根据的抽象加给了人类意识所正确地合理地了解的存在。存在并不是一种可以与事物分离开来的普遍概念，存在与存在的事物是一回事。存在只能间接地被思想，只能通过作为事物本质的基础的属性而被思想。存在是实体的肯定。是我的实体，也就是我的存在。鱼在水中存在，但是你不能将鱼的实体与它的这种存在分离开来。语言已经将存在与实体混同起来了。只有在人的生活中,而且只有在不幸的、反常的情况之下,存在才会与实体分离——才会发生一种情形,即并非在有了他的存在的时候也就有了实体,而正因为这个分离,所以当人们实际存在,即具有肉体的时候,并不也就真正存在,即具有灵魂。只有你的心灵存在的时候,你才存在。但是凡是实体——违背自然的情形除外——存在的地方,就是事物存在的地方,就是说:事物的实体不是离开它的存在的,事物的存在不是离开它的实体的。因此你就不能将存在固定为一种绝对同一的东西,与实体的多样性有所不同的东西。事物被抽出一切基本性质以后的存在,只是你对存在的观念,只是捏造出来的、臆想出来的存在,一种没有实体的存在。

28

黑格尔的哲学并没有超出思维和存在之间的矛盾。现象学①中一开始所提出的存在,与实际的存在处在最直接的矛盾之中,情形并不下于逻辑学中一开始所提出的存在。

这种矛盾在现象学中是用"这个"和"一般"的形式表现出来的;因为"个别"属于存在,"一般"则属于思维。在现象学中,"这个"与"这个"在思想看来,是不可分离地结合在一起的。但是在作为抽象思维对象的"这个"与作为实际对象的"这个"之间,存在着多么巨大的差别!例如说:这个女人是我的女人,这个房子是我的房子,虽然每一个人听到他的女人和他的房子时也都和我一样说:

---

① 本卷中的"现象学"指黑格尔的著作《精神现象学》。——中文编者

这个房子,这个女人。因此逻辑上的"这个"的等值性和无别性,在这里就被健全常识打破了和扬弃了。如果我们将逻辑上的"这个",应用到自然权利中,那么我就直接走到"共产共妻"的社会了,在这种社会中,才是没有这个和那个的区别的。每一个人拥有一切——或者更可以说一直走到取消一切权利的地步了;因为权利是建立在这个和那个有区别的实在情况上面的。

我们在现象学的开始中,只不过见到普遍的语词和永远是单个的事物之间的矛盾。而思想只是建立在语词上面的,可不能超出这个矛盾。但是语词不是事物,正像说出的或思想中的存在不能说是实际的存在一样。如果有人辩驳道,黑格尔关于存在的说法和这里不一样,他不是从实践立场说的,而是从理论的立场说的,那么就该回答他说,这里正好是应当从实践的立场说话的地方。关于存在的问题,正是一个实践的问题,一个涉及我们的存在的问题,一个关于生死的问题。如果我们应当坚持我们的存在,那么我们就不愿让逻辑将我们的存在夺去。如果逻辑不想与实际上的存在永远矛盾下去,那么它就必须承认我们的存在。此外现象学还应用了实践的立场——饮食的立场——来反驳感性存在的真理,即个别存在的真理。我之所以存在,绝不是靠语言的或逻辑的食粮——自在的食粮——而永远只是靠这种食粮——依靠这种"不可言说"的东西。纯粹建立在这种"不可言说"上面的存在,因此本身就是一种"不可言说"的东西。是的,正是这种"不可言说"的东西。语词失去作用的地方,才是存在的秘密揭开的地方,因此,如果不可言说就是非理性,那么一切存在都是非理性的。因为存在永远始终只是这个存在。但是存在并非如此。存在虽则不能言说,本身依旧是有意义和合理性的。

29

那个"干涉到思维自身以外"的东西的思维——思维以外的东西即是存在——就是超越自己的自然界限的思维。思维干涉到它的对立,意思就是说:思维对不属于思维而属于存在的东西有所要求。但是属于存在的是个体性和个别性,属于思维的则是普遍性。所以思维对个别性有所要求,就是将普遍的否定,将感性的基本形式即个别性,当作思维的一个环节。于是"抽象的"思维或处在存在以外的概念,就变成了"具体的"概念。

但是人是怎样使思维干涉到属于存在的东西呢?是通过神学。在上帝之中,存在与实体或概念,个别性与普遍性和存在形式,是直接相结合的。"具体概念"乃是转化为概念的上帝。但是人是怎样从抽象思维达到"具体的"或绝对的思维呢?人是怎样从形而上学达到神学呢?历史本身在从古代异教哲学过渡到所谓新柏拉图派哲学的时候,曾经对于这个问题作出了答复;因为新柏拉图派哲学与古代哲学的不同,只在于新柏拉图派是神学,而古代哲学则只是哲学。古代哲学以理性、理念为它的原则,但是"柏拉图和亚里士多德并没有将理念当成包含一切的东西。"古代哲学承认在思维以外有某种东西存在——有某种未上升为思维的残余存在。这种在思维以外存在的东西,就是物质,就是实在的基质。理性是以物质为它的界限的。在古代哲学中思维与存在还是有区别的。在古代哲学看来,思维、精神、理念还不是包含一切的东西,就是说,还不是唯一的、独立的、绝对的实在。古代哲学家还是世间的哲人,是生理学家,政治家,动物学家,简言之,都是一些人本学家;他们并不是神学家,至多只是部分的神学家——当然正因为如此,所以也只是部分的人本学家,因而是有限制的、有缺点的人本学家。相反地,在新柏拉图派看来,物质、整个物质世界、实在世界便是不实在的、不真实的。祖国、家庭、一般社会关系和财产,古代逍遥派哲学还将它算作人的幸福,但是在新柏拉图派的人们看来,则是毫无价值的。新柏拉图派甚至还以为死比肉体的生存还要好些,他们并不将肉体算作人的实体,他们认为只有脱离一切物体的、外在的事物的灵魂才有幸福。但是,如果人除了自身以外别无其他事物,那么人要在自身以内寻找和找到一切,就要拿想象的、理智的世界来替代实在的世界——实在世界中的一切虽然在想象世界中都有,但是只是抽象的、想象的。在新柏拉图派哲学中,连物质也存在于非物质的世界中,但是新柏拉图派的物质只是一种理想的、思想中的、想象的物质。如果人在自身以外没有任何实体,那么人就能在思想中构成一个实体,这个实体是一个思想实体,却同时也是一个具有实际实体的特性,是一个非感性的实体,却同时也是一个感性的实体,是一个理论对象,却同时也是一个实践对象。这个实体就是上帝,就是新柏拉图派的最高的善。人只有在实体中才能得到满足。因此人用一个理想的实体来弥补实际实体的缺乏,就是说,人用自己的观念和思想来替代被抛弃了的或失掉了的现实界中的实体——在人看来,观念不再是观念,而是对象自身,影像不再是影像,而是事物自身,思想、理念乃是实在。正是因为人不再将自己当作主体来对待作为自己的客体的现实世界,所以他的观念在他的眼中就变成了客体,变成了实体,变成了精灵,变成了神灵。人愈是抽象,愈以否定的态度对待实际的感性事物,对待抽象的东西就正好愈有感情。上帝,太一——这个从一切繁多性和多样性亦即感性中抽象出来的最高的对象和实体,是通过直接存在而被认识的。无论是卑下的物质或崇高的太一,都是通过"不知"和无知而被认识的。这就是说,仅仅在思维中的,抽象的、非感性的、超感性的实体,同时也是一种实际存在的、感性的实体。

如果人摆脱了肉体,否定了肉体这个作为主观上的理性限制,那么人就会沉溺到一种幻想的、超越的实践中去,就会与形体性的上帝现象和精灵现象周旋,从而在实践上取消了想象和直观之间的区别。同样情形,如果人认为物质不是实在,因而不是思维理性的界限,如果人认为这种漫无限制的理性、理智实体、一般主观性的实体乃是唯一的、绝对的实体,那么,思维与存在之间、主观与客观之间、感性与非感性之间的区别,也就在理论上消失了。思维否定了一切,但是只是为了将一切放到自身之内。思维不再有在它以外的事物为其界限,但是思维本身也就从而超出它的内在的、自然的界限。于是理性、理念就变成了具体的东西。也就是说,应该由直观给予的东西,被交给了思维,属于官能、感觉、生活的机能和状况,变成了思维的一种机能,一种状况。于是具体的东西,被当成思维的一个属性,存在也就当成了一个单纯的思想范畴;因为"概念是具体的"这个命题,与"存在是一个思想范畴"这个命题,意义是相同的。在新柏拉图派的哲学中,是观念、幻想的东西,黑格尔只是将它转化为概念,将它理性化了。黑格尔并不是"德国的或基督教的亚里士多德"——他是德国的普洛克勒。"绝对哲学"是亚历山大里亚派哲学的复活。根据黑格尔的明显的定义,亚里士多德的哲学和一般古代异教哲学,并不是绝对的哲学,亚历山大里亚派的哲学才是绝对的、基督教的哲学,当然其中还掺杂着异教的成分,而且还在抽离具体的自我意识的状态之中。

还要注意的,新柏拉图派的神学特别显明地表示,客体是怎样的,主体也就是怎样的。反过来说,主体是怎样的,客体也就是怎样的,因此神学的客体不是别的,就是对象化了的主体的本质和人的本质。在新柏拉图派看来,具有最高权威的上帝,乃是单纯的、唯一的、绝对不定的和绝对无差别的——他不是实体,而是超乎实体,因为实体既是实体,就还是有定的;他不是概念,不是理智,而是无理智的、超理智的,因为理智既是理智,也还是有定的;而且只要有理智,就有思想者与被思想者的分别和区分,这两种区别在绝对单纯的实体中是不会发生的。但是在新柏拉图派看来,在客观上是最高本质的,在主观上也是最高本质的;新柏拉图派作为存在放在对象中和上帝中的,就是他放在自身之中作为活动和作为努力的动力。不再是区别,不再是理智,不再是自身,那就是上帝,就叫作上帝。但是新柏拉图派力求成为上帝——他们活动的目的,就在于不再"是自身,是理智和理性"。新柏拉图派认为出神和陶醉是人类最高的心理状态。这种状态对象化而为实体,就是上帝的实体。因此上帝只是从人而来,而不是人从上帝而来,至少就来源说是如此的。这一点非常明显地表明在新柏拉图派给上帝所下的定义中,他们就认为上帝是毫无需求的、幸福的实体。因此这个无痛苦、无需求的实体的根源和来源,如果不在人的痛苦和需求中,又在什么地方呢?痛苦和需求的压迫消失了,幸福的观念和感觉也就随之消失了。只有不幸与幸福对立起来,幸福才是一个实在的东西。只有在人类的痛苦中,上帝才有产生的场所。上帝的一切特性只是从人那里得来的——上帝是人所希望的目的——就是人自己的本质、自己的目的,但被设想成为实际的实体了。新柏拉图派与斯多葛派,伊壁鸠鲁派和怀疑派的不同,也就在这个地方。无烦恼,幸福,无需求,自由,独立,也是这些哲学家的目的,但是只是作为人的德行来看待;也就是说,还要以作为真实的、具体的、实际的人为基础;自由和幸福应当作为属性而归属于这个主体。但是在新柏拉图派哲学中,这种属性却变成了主体,人的属性却变成人的本体,变成了实际的实体,虽然他们还承认异教的德行是真理——这就是新柏拉图派的哲学与基督教神学不同之点。因为基督教神学是将人的幸福、完善性、人与上帝的同样性,移置到彼岸去了。正因为这样,所以实际的人就变成一种无血无肉的单纯抽象物,就变成一个影射上帝的形相了。普罗提诺便曾以具有肉体为耻,至少为他作传的人是这样报道的。

30

只有"具体的"概念,即具有实际事物的本性的概念,才是真正的概念——这个定义表示了对具体事物或现象界的真理性的承认。但是因为概念,即思维实体,一开始就被假定为绝对的、唯一真实的实体,所以实在或实际只是以间接的方式而被承认,只是作为概念的基本的和必然的属性而被承认。黑格尔是一个实在论者,然而是一个纯粹唯心主义的实在论者,或者还可以说,是一个抽象的实在论者——抽象掉了一切的实在论者。他否定了思维，亦即否定了抽象思维；但是他自己又在作抽象思维，因而抽象的否定本身，又重新成为一种抽象。他认为哲学以"存在者"为对象，但是这个"存在者"本身只是一个抽象的、思想中的存在。黑格尔是一个认为思维凌驾一切的思想家——他要想掌握事物本身，但是却在事物的思想中去掌握；他要想站在思维之外，但是却在思维本身之中——因此便产生了理解"具体"概念的困难。

31

在抽象的黑暗中承认现实的光明，乃是一种矛盾——在否定现实中肯定现实。新哲学是不以抽象的方式，而以具体的方式思想具体事物的，是就现实的现实性，是以适合现实本质的方式，承认现实是真实的，并且将现实提升为哲学的原则和对象。因此新哲学才是黑格尔哲学的真理，才是整个近代哲学的真理。

新哲学从旧哲学中产生出来的历史必然性或发生史，详细说来，是这样的：照黑格尔说，具体的概念和理念最初只是抽象的，只是思维的要素——理性化了的创世以前的上帝。然而上帝既然有所表现，有所启示，既然化为现实，转化为实在，那么理念也就同样地实在化了，黑格尔哲学乃是转化为一种逻辑过程的神学史。但是，如果我们一旦随着理念的实在化而进入实在论的范围，如果理念的真理就在于它是实在的，就在于它是存在的，那么我们就当然要将存在当作真理的标准；只有现实的，才是真实的。然而我们要问，什么东西是现实的呢？只有思想中的东西是现实的吗？只有思维和理智的对象是现实的吗？可是这样我们就并没有越出抽象的理念范围一步。思维的对象也就是柏拉图所谓的理念,内心的对象也就是世外天国信仰的对象,想象的对象。如果思想的实在性是当作被思想的实在性,那么思想的实在性本身就只是思想,我们就永远停留在思想与思想自身的同一中,停留在一种唯心主义中了——这种唯心主义与主观唯心主义的不同,就在于它包括了现实界的全部内容而将这个内容当成了思想的范畴。因此,如果真正严肃地对待思想或理念的实在性,就必须将一个异于思想本身的东西加到思想上面,换句话说:思想必须是实在化的思想,有异于未实在化的、单纯的思想——必须不只是思维的对象,而是非思维的对象。思想实在化,正是思想否定自身,不再是单纯的思想;那么这个非思维,这个有别于思维的东西到底是什么?就是感性事物。由此可见,思想实在化,就是使自身成为感觉的对象。因此理念的实在性就是感性,但是实在性是理念的真理,所以感性才是理念的真理。我们以前不是曾经将感性当成属性,将理念或思想当成主体么?为什么理念现在感性化了呢?为什么理念如果不是实在的即感性的,就不是真实的呢?是不是这样一来便使理念的真理依赖感性了呢?是不是这样一来,尽管是理念的实在,本身却具有意义和价值了呢?如果感性本身并无任何意义,为什么理念还需要感性呢?如果只有理念才能给感性以价值和内容,那么感性就是纯粹的奢侈品、纯粹的玩物,只是一种拿来欺骗自己思想的东西了;但是事实上并不是这样的。其所以要求思想实在化、感性化,只是因为不自觉地将属于思想的实在性——感觉性——假定为独立于思想的真理了。思维是通过感性而证实的;如果不是自觉地将感性认作真理,这一点怎样可能呢?可是它是直觉地从思想的真理性出发,所以到后来才宣布感性有真理性,而又将感性只当成理念的一个属性。然而这是一个矛盾;因为感觉既然只是属性,却又只有它才给思想以真理,所以它既是主要的东西,同时又是次要的东西,既是本质,同时又是属性。我们要想解决这个矛盾,只有将实在事物、感性事物当成它自身的主体,只有给实在事物和感性事物以绝对独立的、神圣的、第一性的、不是从理念中派生出来的意义。

32

具有现实性的现实事物或作为现实的东西的现实事物,乃是作为感性对象的现实事物,乃是感性事物。真理性、现实性和感性的意义是相同的。只有一个感性的实体,才是一个真正的、现实的实体。只有通过感觉,一个对象才能在真实的意义之下存在——并不是通过思维本身。与思维共存的或与思维同一的对象,只是思想。

一个对象,一个现实的对象,只有当我们遇到一种对我发生作用的东西时,只有当我的自我活动——如果我是从思维的立场出发的话——受到另一个东西的活动的限制、阻碍时,才呈现在我们面前。对象的概念,原来根本不是别的,只不过是另外一个"自我"的对象——在童年时代的人就是像这个样子,将一切事物了解为自由活动的、有意志的东西——一般对象的概念,就是这样通过"你"的概念,通过对象化了的"我"的概念为媒介而产生的。用费希特的话来说,对象并不是呈现于"自我"之中,而是呈现于"自我"中的"非我"之中,亦即另一个"自我"之中;因为只有当一个"自我"转变为一个"你"的时候,只有当我被动的时候,才产生一种存在于我以外的活动性亦即客观性的观念。但是只有通过感觉,"自我"

才成为"非我"。

　　有一个问题,可以表示出以往抽象哲学的特征,就是不同的、独立的实体和本体怎样能互相影响,例如肉体影响精神、"自我"?然而这个问题对以往的抽象哲学来说,乃是一个无法解决的问题,因为这个问题是指从感性的对象抽象出来的,因而那些互相影响的只是一些抽象的实体、纯粹理智的实体;交互影响的秘密,只有感性才能打开,只有感性的实体才能互相影响。我是"我"——对我来说——同时又是"你"——对于别人来说。而我之能够这样,只是因为我是一个感性实体。然而抽象理智将这个"自为的存在"孤立成为本体、原子、"自我"和上帝——因而它只能任意地将"为他的存在"与"自为的存在"联系起来;因为只有感性才是这个联系的必然性,而它却抽离了这个感性。我抛开感性而思想的东西,我也抛开和离开全部联系而去思想。我怎样能将没有联系的东西,同时又思想成为有联系的东西呢?

33

　　新哲学将我们所了解的存在不只是看作思维的实体,而且看作实际存在的实体——因而将存在看作存在的对象——存在于自身的对象。作为存在的对象的那个存在——只有这个存在才配称为存在——就是感性的存在、直观的存在、感觉的存在、爱的存在。因此存在是一个直观的秘密、感觉的秘密、爱的秘密。

　　只有在感觉之中,只有在爱之中,"这个"——这个人,这件事物,亦即个别事物,才有绝对的价值,有限的东西才是无限的东西,在这里面,而且只有在这里面,才有爱的无限的深刻性、爱的神圣性和爱的真理。只有在爱里面，才有明察毫末的上帝，才有真理和实在。基督教的上帝，本身只是由人类的爱中抽象出来的抽象物，只是爱的一种图像。然而正因为"这个"只在爱中才有绝对的价值，所以存在的秘密只在爱中显露，而不在抽象思维中显露。爱就是情欲，只有情欲才是存在的标记。只有情欲的对象——不管它是现实的还是可能的——才是存在的。无感觉的无情欲的抽象思维取消了存在与非存在之间的差别，但是这种在抽象眼中消失不见的差别，在爱看来，正是一种实在。爱没有别的意义，只是认识这个差别。一个人如果什么都不爱——不拘对象——对于是否有物存在，就会完全漠不关心的。但是既然只有通过爱，通过一般感觉，异于非存在的存在才呈现于我；那么，也只有通过爱，一个异于我的对象才呈现于我。痛苦是一种反对等同主观与客观的强烈的抗议。爱的痛苦，就是观念中存在的东西在现实中并不存在。在这里主观就是客观，观念就是对象；这正是不应有的，这是一种矛盾，一种幻觉，一种不幸——因此人们就要求恢复真实的情况，在真实情况之中，主观与客观是不相同的。甚至于动物的痛苦也非常显明地表现出这个差别。饥饿的痛苦只是由于胃中没有任何作为对象的东西，胃自身等于对象，空空的胃壁相互摩擦，来替代食料的摩擦。由此可见，人的感觉在旧的超越哲学的意义之下，是没有经验的、人本学的意义的；它只有本体论的、形而上学的意义。在感觉里面，尤其是在日常的感觉里面，隐藏了最高深的真理。因此爱就是有一个对象在我们头脑之外存在的、真正的本体论证明——除了爱，除了一般感觉之外，再没有别的对存在的证明了。一种存在使你快乐、不存在则使你痛苦的东西，只能是存在的。对象与主体之间的差别、存在与不存在之间的差别,是一种使人快乐的差别,也是一种使人痛苦的差别。

34

新哲学建立在爱的真理上和感觉的真理上。在爱中,在一般感觉中——人人都承认新哲学的真理。新哲学的基础,本身就不是别的东西,只是提高了的感觉实体——新哲学只是在理性中和用理性来肯定每一个人——现实的人——在心中承认的东西。新哲学是转变为理智的心情。心情不要任何抽象的、任何形而上学的、任何神学的对象和实体,它要实在的、感性的对象和实体。

35

旧哲学曾说,不被思想的东西,就是不存在的;新哲学则说,不被爱的、不能被爱的东西,就是不存在的。不能被爱的东西,也就是不能被崇拜的东西。只有能为宗教对象的东西,才是哲学的对象。

爱是存在的标准——真理和现实的标准,客观上是如此,主观上也是如此。没有爱,也就没有真理。只有有所爱的人,才是存在的,什么都不是和什么都不爱,意思上是相同的。一个人爱得愈多,则愈是存在;愈是存在,则爱得愈多。

36

旧哲学的出发点是这样一个命题,"我是一个抽象的实体,一个仅仅思维的实体,肉体是不属于我的本质的";新哲学则以另一个命题为出发点,"我是一个实在的感觉的本质,肉体总体就是我的'自我'、我的实体本身"。由此可见,旧哲学为了防止感性观念沾染抽象概念,是在与感觉处于不断矛盾、敌对状态中进行思想的;新哲学则正相反,是在与感觉和睦、协调的状态中进行思想的。旧哲学承认感觉的真理性——甚至用包含存在的概念来承认;因为这个存在据说同时又是一个与思想中的存在不同的存在,一个精神以外、思维以外的存在,一个现实的、客观存在,亦即感性的存在——但是只是隐晦地、抽象地、不自觉地、勉强地承认,只是因为不得已而为之的;新哲学则相反,是愉快地、自觉地承认感性的真理性的,新哲学是光明正大的感性哲学。

37

近代哲学寻找直接的不依他物为媒介的精确事物。因此它抛弃了经院哲学的无根据、无基础的思维,将哲学建立在自我意识之上,就是说它放弃了只被思想的实体,放弃了上帝这一全部经院哲学的最高最后的实体——而代之以思维的实体、自我、自觉的精神;因为在能思维的人看来,思维实体要比被思想的事物接近得多,直接得多,确切得多。上帝的存在是可以怀疑的,我所思想的事物,也都是可以怀疑的。但是,在思想,在怀疑的我的存在,却是无可怀疑的。然而近代哲学的自我意识本身,只是一个被思想的、凭借抽象为媒介的实体,因而是一个可以怀疑的实体。只有感觉的对象、直观的对象、知觉的对象,才是无可怀疑地、直接地确实存在着的。

38

只有那种不需要任何证明的东西,只有那种直接通过自身而确证的,直接为自己作辩护的,直接根据自身而肯定自己,绝对无可怀疑,绝对明确的东西,才是真实的和神圣的。但是只有感性的事物才是绝对明确的;只有在感性开始的地方,一切怀疑和争论才停止。直接认识的秘密就是感性。

黑格尔哲学说,一切都是凭借中介的。但是一个东西只有当它不再是凭借中介的东西,而是直接的东西时,才是真实的。因此历史时期的划分,只是发生在那从前只是一种思想中的、凭借中介的东西,变成有直接的、感性的真理性的对象之时,亦即发生在那种从前只是思想的东西,现在则变成为真理之时。经院哲学就是将中介作用当作真理的一种神圣的必然性和本质属性。经院哲学所谓必然性只是一种有条件的必然性;它之为必然,只是在还以一个虚假的假定为基础的时候,只是在一种真理、一种学说与另一种还被认作真理、还被尊重的学说发生矛盾的时候。那种以自身为中介的真理,还有带着它的对立物的真理,是从这种对立物开始的,不过这种对立物后来被扬弃了。可是如果这种对立物是一种将被扬弃的、将被否定的东西,我们何以还应当从它开始,何以不应当立刻就从否定它开始呢?举个例子来说,作为上帝的上帝是一个抽象的实体,他异化、确定化和实在化成为世界,成为人类,这样他就具体了,这样他才否定了抽象实体。但是我们何以不应当立刻从具体事物开始呢?何以那种通过自身而确证和证实的东西不应当比那种通过对方的虚幻而确证的东西更高些呢?什么人才能将中介作用提高为真理的必然性和真理的法则呢?只有自身还沉陷在待否定的东西里面的人,只有还在与自己冲突、矛盾——还没有与自己弄清楚的人。总之只有一种人——在这种人心目中,真理只不过是才能,只不过是一种特殊的,虽然是一种杰出的能力,然而不是天才,不是整个人类的事情。天才就是直接的、感性的认识。才能在头脑中具有的东西,天才则在血肉中具有;就是说,在才能还是一个思维对象的东西,在天才则是一个感觉对象。

39

旧的绝对哲学将感觉排斥到现象的范围、有限的范围,相反地却将绝对的、神圣的东西规定为艺术的对象。但是艺术的对象乃是——在叙述艺术中间接地是,在造形艺术中则是直接地是——视觉、听觉、触觉的对象。因此不但有限的、现象性的东西是感觉的对象,真实的、神圣的实体也是感觉的对象。感觉乃是绝对的官能。"艺术在感性事物中表现真理"这句话正确地理解和表达出来,就是说艺术表现感性事物的真理。

40

对艺术是这样,对宗教也是这样。基督教的本质——最高的、神圣的实体和官能,乃是感性直观,而不是观念。但是,如果感性直观被认作神圣的、真实的实体的官能,那么,神圣的实体也就被宣布和承认为一个感性的实体,感性的实体也就被宣布和承认为神圣的实体;因为主体是怎样的,客体也就是怎样的。

"圣言变成了血肉并且寓于我们之中,于是我们见到了圣言的威严"。只有在后来的人看来,基督教的对象才是一个观念和幻想的对象;但是原始的直观又重新恢复了。在天国之内,基督、上帝是直接的、感性的、直观的对象——在那里,上帝由一个观念的对象、思维的对象,即由一个精神实体,变成了我们在这个世界上所认为的上帝,变成了一种可以感觉的、可以捉摸的、可以看见的实体。这种直观既是基督教的开端,也是基督教的目的——因此就是基督教的本质。由此可见,思辨哲学并没有在真正的光明中即现实的光明中理解和阐明艺术和宗教,而只是在沉思的朦胧之中理解和阐明艺术和宗教;由于思辨哲学按照其将感觉抽象化的原则,只是将感性抽象化成为一种感性的形式范畴,所以艺术便成了感性直观的形式范畴中的上帝,宗教便成了观念范畴中的上帝。然而事实上,思考认为只是形式的东西,却正是本质。如果上帝现身在火中而受人顶礼膜拜,事实上火就是被人当作上帝顶礼膜拜了。火中的上帝并不是别的,就是火的本质,不管这个火是否以它的作用和性质使人惊愕。人中的上帝也不是别的,就是人的本质。同样情形,艺术在感性形式之中所表现的也不是别的,只是与感性形式不可分离的、为感性所固有的感性本质。

41

感觉的对象不只是"外在的"事物。人只是通过感觉而成为认识自己的对象——他是作为感觉对象而成为自己的对象。主体和对象的同一性,在自我意识之中只是抽象的思想,只有在人对人的感性直观之中,才是真理和实在。

当我们用手或唇接触有触觉的东西时,我们不只感觉到石头和木头,不只感触到骨肉,我们还感觉到触觉;我们用耳朵不只听到流水潺潺和树叶瑟瑟的声音,而且还听到爱情和智慧的热情的音调。我们用眼睛不只是看见镜面和彩色幻相,我们还能看见人的视线。因此感觉的对象不只是外在的事物,而且有内在的事物,不只是肉体,而且还有精神,不只是事物,而且还有"自我"——因此一切对象都可以通过感觉而认识,即使不能直接认识,也能间接认识,即使不能用平凡的、粗糙的感觉认识,也能用有训练的感觉认识,即使不能用解剖学家或化学家的眼睛认识,也能用哲学家的眼睛认识。由此可见,经验论认为我们的观念起源于感觉是完全正确的,只是经验论忘了人的最主要的、最基本的感觉对象乃是人本身,忘了意识和理智的光辉只在人注视人的视线中才呈现出来。由此可见,唯心主义在人里面寻找观念的起源,是正确的,但是唯心主义却不正确地要想从孤立的、被固定为独立存在的实体、固定为灵魂的人中引导出观念的起源,总而言之,要想从那没有作为感觉对象的"你"的"自我"中引导出观念的起源。观念只是通过传达、通过人与人的谈话而产生的。人们获得概念和一般理性并不是单独做到的,而只是靠你我相互做到的。人是由两个人生的——肉体的人是这样生的,精神的人也是这样生的:人与人的交往,乃是真理性和普遍性最基本的原则和标准。我所以确知有在我以外的其他事物的存在,乃是由于我确知有在我以外的另一个人的存在。我一个人所见到的东西,我是怀疑的,别人也见到的东西,才是确实的。

42

本质和现象之间、原因和结果之间、实体和属性之间、必然和偶然之间以及思辨和经验之间的差别,并不是建立了两个王国或两个世界——一个超感性的、属于本质的世界；一个感性的、属于现象的世界，这些差别是属于感性范围以内的。

可以举一个自然科学中的例子来说明。在林奈的植物分类系统中，最初的若干类是根据花蕊的数目来确定的。但是在雄蕊数目已经达到十二根至二十根的第十一类中，尤其是在二十个雄蕊的类和多雄蕊的类中，花蕊的数目就无关紧要了；人们就不再去数花蕊了。由此可见，我们是在同一范围之内，发现有确定数量与不定数量之间的差别，必要数量与不必要数量之间的差别，合理数量与不合理数量之间的差别。因此我们并不需要超出感性，以求达到绝对哲学意义下仅仅属于感性事物，仅仅属于经验事物的那个界限，我们只需要不将理智与感觉分开，便能在感性事物中寻得超感性的东西，亦即精神和理性。

43

感性事物并不是思辨哲学意义之下的直接的东西，亦即并不是说，感性事物是世俗的、一目了然的、无思想的、自明的东西。直接的感性直观反倒比表象和幻想晚出。人的最初的直观——本身只是表象和幻想的直观。由此可见，哲学和一般科学的任务，并不在于离开感性事物即实际事物，而是在于接近这些事物——并不在于将对象转变成思想和观念，而在于使平常的、看不见的东西可以看得见，亦即对象化。

人们最初所看见的事物，只是事物对人的表现，而不是事物的本来面目，并不是在事物中看见事物本身，而只是看到人们对于事物的想象，人们只将自己的本质放进事物之中，并没有区别对象与对象的表象。表象在无教育的、主观的人看来,要比直观易于接近;因为在直观中他被排除于自己之外,在表象中他却保留于自己之中。但是对表象怎样的,对思想也是怎样的。人们研究天上的、神圣的事物,比起研究世上的、人间的事物来,时间要早一些,为时也长得多,也就是说,人们研究那些翻译成为思想的事物,比起研究事物的原形、事物的本相来,时间要早一些,为时也长得多。在近代,人类才像在经历过东方梦想世界以后觉醒过来的希腊时代那样,重新回到感性事物,亦即回到那种对于感性事物即实际事物的未被歪曲的、客观的看法。而正因为这样,人类才重新回到了自身;因为一个只是研究想象的实体或抽象思想的人,本身只是一个抽象的或想象的、不现实的、不真正是人的实体。人的实在只是以他的对象的实在性为依据。如果你一无所有,那么你也就什么都不是了。

44

空间与时间并不是单纯的现象形式,而是本质条件、理性形式和存在的规律[1],也是思维的规律。

---

[1] 关于这个地点,列宁写道:"费尔巴哈承认我们通过感觉认识到的感性世界是客观实在,自然也就否认现象论(如马赫会自称的)或不可知论(如恩格斯所说的)对空间和时间的理解。正如物或物体不是简单的现象,不是感觉的复合,而是作用于我们感官的客观实在一样,空间和时间也不是现象的简单形式,而是存在的客观实在形式。世界上除了运动着的物质,什么也没有,而运动着的物质只有在空间和时间之内才能运动。人类的时空观念是相对的,但绝对真理是由这些相对的观念构成的;这些相对的观念在发展中走向绝对真理,接近绝对真理。正如关于物质的构造和运动形式的科学知识的可变性并没有推翻外部世界的客观实在性一样,人类的时空观念的可变性也没有推翻空间和时间的客观实在性。"——俄文编者注(《列宁全集》,人民出版社1957年版,第14卷,第179页)

空间的存在是最初的存在，是最初的确定的存在。我在这里——这是一个现实的、活生生的实体的第一个标记。方向的指点乃是从无到有的路标。"这里"是第一个界限，是第一个分别。我在这里，你在那里，我们是彼此外在的；因此我们两人可以并存而不互相妨害；空间地位是够用的。太阳并不在水星的地方，水星并不在金星的地方，眼睛并不在耳朵的地方，诸如此类。如果没有空间——也就没有任何位置系统的。位置范畴是第一个理性范畴，其他范畴都是以它为基础的。有组织的自然是从各种不同位置的分布开始的，而各种不同的位置是与空间直接联系的，理性只是在空间中估定自己的地位。"我在哪里？"这是清醒的意识所发出的问题，这是人生哲学的第一个问题。空间和时间上的限制是第一种德性，位置的差别是我们教导小孩和粗鲁的人对于社会风尚的了解的第一个的差别。粗鲁的人对于地方的差别是漠不关心的，他做事情是在什么地方都没有分别，疯人也是如此。如果疯人能再将自己与空间和时间联系起来，那他就有了理性了。将不同的东西放在不同的位置上，将性质不同的东西在空间上分别开来，这是各种经济方法的条件，甚至于是精神上的经济方法的条件。属于注释的东西，不要排在正文里面；属于末尾的东西，不要排在开端，简言之，空间上的分别和界限，也是属于著作家的智慧范围之内的。

当然这谈到的始终是一个一定的空间；而这里所考察的也不出空间范畴以外。如果我从空间的实在性来了解空间，那么我就不能将地位与空间分离开来。对于我来说，空间概念是从"那里"产生出来的。"哪里？"是普遍的，是毫无差别地适用于一切地位的,然而"那里"却是一定的。这个"那里"与那个"那里"是同时建立的,因此位置范畴是与空间普遍性同时建立的。而正因为如此,所以普遍空间的概念只有与位置范畴相联系时,才成为一个实在的、具体的概念。黑格尔只给予自然界的一般空间一个消极的规定。只有"在这里"才是积极的。我不在"那里",因为我在"这里"——因此这个"不在那里"是那积极的、明显的"在这里"的一个结果。这里并不是那里,一个东西在另一个东西以外,这只是对于你的观念的一种限制,而其自身并不是任何限制。这是一种彼此外在,是必须有的,是适合理性的,而非违背理性的。但是在黑格尔的哲学中,这种彼此外在的存在只是一个消极的范畴;因为这是不应当彼此外在的东西的彼此外在——因为作为绝对自身同一性的逻辑概念被认为是真理——空间则只是理念的否定,理性的否定,要使理性在这个否定中重新成为真理,那只有否定这个否定。但是空间不但不是理性的否定,在空间中观念和理性倒得到了地位:空间是第一个理性的领域。没有空间中的彼此外在,也就没有逻辑上的彼此外在。也可以倒转过来,如果我们像黑格尔那样,从逻辑上过渡到空间,那么就可以说,没有差异,就没有空间。思维中的差异必须现实化,成为差异的事物;但是各种差异的事物在空间中是以彼此外在的形式出现的。因此空间上的彼此外在的存在才是逻辑上的差异的真理。但是彼此外在的东西也只能顺序地去思想的。实际的思维就是空间和时间以内的思维。空间与时间的否定,永远是属于时间和空间以内的事情。我们只有节省空间与时间,才能获得空间与时间。

45

我们只应当如事物实际上所表现的那样去思想事物,而不能用别的方式。实际上分离的东西,在思想中也不应当是同一的。思维和理念——新柏拉图派哲学中的理智世界——之为超乎现实界规律的例外,乃是神学肆意妄为的特权。现实界的规律也就是思维的规律。

46

对立范畴的直接统一,只有在抽象之中才是可能的和有效用的。实际上对立物总是通过一个中间概念而联系起来的。这个中间概念就是对象,就是对立物的主体。

因此没有比指出对立属性的统一更容易的事了,人们只需抽去这些对立属性的对象或主体就行了。对象消灭了,对立物之间的界限也就随着消灭了,这样,对立物便成了无根据无依靠的东西,于是立刻消失了。例如我如果将存在只看成存在本身,将它的一切特性都抽出去,那么我所得到的自然只有那等于一无所有的存在。存在和无有之间的区别,其界限确乎只在于特性。如果将存在的东西都抛弃了,这个单纯的存在还成个什么呢?但是存在与无有、有这种对立及其同一的情况,也适用于思辨哲学中其余各种对立的同一。

47

将对立的或矛盾的特性以一种适合实际的方式统一于同一实

体中的中介,只是时间。

最低限度对于有生命的东西来说,是这样的。例如在人中间就表现出这样一种矛盾,现在这种特性——这种感觉,这种企图——充满了我,支配了我,然而现在又有一种正好相反的特性也充满了我,支配了我。只有当一个观念排斥另一个观念,一种感觉排斥另一种感觉,还没有得到一个决定,还没有得到一个恒久的特性,精神处在对立状态的不断交替之中的时候,精神才处身于矛盾的极端痛苦中间。如果我将这些对立特性同时在我之内统一起来,这些特性就中立化和迟钝化了,如同化学过程中的对立物一样;在化学过程中,对立物是同时并存的,它们的差别是在一个中立产物中消失了。但是矛盾的痛苦,正在于我现在热切地愿意有和有着的特性,乃是下一瞬间我同样热切地不愿有和没有的特性,正在于肯定和否定相继而来,是两个对立物,但是每一个都排斥另一个,因而每一个都以它的全部特质和锋芒来刺激我。

48

实际事物并不能全部反映在思维中,而只能片断地部分地反映在思维中。这种差别是一种正常的差别——是以思维的本性为根据的;思维的本质是普遍性,而现实的本质是个别性,它们的不同点就在这里。但是这个差别并不会形成思想中的东西与客观事物之间的真正矛盾,这只是因为思维并不是直线地、与自身相同一地向前进行,而是被感性直观所能打断的。只有那通过感性直观而确定自身、而修正自身的思维,才是真实的、反映客观的思维——具有客观真理性的思维。

最重要的是要认识到那绝对的、亦即孤立的、脱离了感性的思维并未超出形式的同一性——思维与思维自身的同一性；因为，如果将思维或概念规定为对立特性的统一，那么这些特性自身就只是一些抽象的东西，一些思维范畴——因而永远是思维与思维自身的各种同一性，只是那被当作绝对真理而作为出发点的同一性。那个被理念建立为对立方面的另一面，乃是被当作一个被理念所建立的东西，并不是真实的，实际上异于理念，但又不让它处于理念之外，至多只是将它当作形式，当作假象，用来显示理念的自由性。因为另一面本身又是理念，不过尚未有理念的形式，尚未被建立为理念——被实现为理念。因此，思维并没有使这个另一面成为与自己有积极区别的东西，并没有使它成为自己的对立的东西；但是正因为如此，思维也就没有别的真理标准，只有一个与理念、与思维并不矛盾的东西——亦即一个仅仅是形式的、主观的标准，这个标准是不能决定思维中的真理也就是实际上的真理的。能决定这一点的唯一标准，乃是直观。人们应当经常倾听对方的话。但是感性直观正是思维的对方。直观是在最广泛的意义下了解事物，思维则是在最狭隘的意义下了解事物，直观给事物以无限制的自由，思维则给事物以规律，但是这些规律常常只是强制的，直观使头脑清明，但是不作任何规定和决定；思维则规定头脑，但是常常也限制头脑；直观并无任何原理，思维自身是没有生命的，法则是思维的事情，法则的例外则是直观的事情。由此可见，既然只有为思维所规定的直观，才是真正的直观；反过来说，也只有为直观所扩大所启发的思维，才是真实的现实界的思维。那自身同一的、连续的思维违背事实地认为世界围绕着自己的中心点成为圆形而旋转,这是和事实相矛盾的。但是由于观察到世界运动不规则而中断的、被直观的失常所打断的思维,则符合着真理,将这个圆形转化为一个椭圆形。圆形乃是思辨哲学家的象征和徽志,乃是仅仅建立在思维的自身上面的。大家都知道,黑格尔哲学也是一种集合许多圆形而成的圆形,虽然它在说到那仅凭经验而规定的行星轨道时,将圆形的轨道说成是"一种拙劣的规则运动的轨道"。椭圆形则是感性哲学的象征和徽志,建立在直观上的思维的象征和徽志。

49

那些证实实际认识的范畴,永远是通过对象本身而规定对象的范畴,永远是对象所固有的、个别的范畴,因而并不是普遍的范畴,并不是逻辑形而上学的范畴,这些范畴并不能规定对象,因此它们是可以不分皂白地应用到一切对象上面的。

因此黑格尔完全正确地将逻辑形而上学的范畴,从对象的范畴转化为独立的范畴,转化为概念的自我范畴;将这些范畴从属性——在旧形而上学中这些范畴乃是属性——变成主体,这样一来,就给了形而上学或逻辑以自足的、神圣的知识意义了。但是有一个矛盾:以后在具体科学中,正如在旧形而上学中一样,这些逻辑形而上学的影子又被当成了实际事物的特性。当然这样的看法之所以可能,只是由于两种情形:或者是将逻辑形而上学的范畴始终具体地从对象本身中取出来,因而很明显的这些相关的范畴就结合起来了;或者是将对象缩小、简化,归结为一些完全抽象的性质,在这样的性质中,对象就成为再也不能认识的了。

50

具有现实性和总体性的实际事物,新哲学的对象,也只是一种现实的和完整的实体的对象。因此新哲学的认识原则和主题并不是"自我",并不是绝对的亦即抽象的精神,简言之,并不是自为的理性,而是实在的和完整的人的实体。实在、理性的主体只是人。是人在思想,并不是我在思想,并不是理性在思想。因此新哲学并不是以自为的理性的神圣性亦即真理性为基础,而是以整个人的神圣性亦即真理性为基础的。换句话说,新哲学诚然也以理性为基础,但是这种神圣性的本质乃是人的本质;所以新哲学并不是以无本质、无色彩、无名称的理性为基础,而是以饱饮人血的理性为基础的。因此,如果旧哲学说,只有理性的东西才是真实的和实在的东西,那么新哲学则说,只有人性的东西才是真实的实在的东西;因为只有人性的东西才是有理性的东西;人乃是理性的尺度[①]。

51

思维与存在的统一,只有在将人理解为这个统一的基础和主体的时候,才有意义,才是真理。只有实在的实体才能认识实在事物,只有当思维不是自为的主体,而是一个现实实体的属性的时

---

① 人乃是理性的尺度,这是费尔巴哈给古希腊哲学家普罗塔哥拉(公元前480—前411)的一个著名论题:"人是一切事物的尺度",变换了一种说法。——俄文编者注

候,思想才不脱离存在。因此思维与存在的统一并不是那种形式的统一,即以存在作为自在自为的思维的一个特性,这个统一是以对象、以思想的内容为依据的。

由此就产生下列的绝对命令:不要想做与人不同的哲学家,只要做一个思维的人;不要以思想家的身份来思想,就是说,不要以一种从人的实在本质的整体中脱离出来的、自为地孤立起来的能力的身份来思想;要以活生生的、现实的实体的身份来思想,你是作为这样一种实体而置身于宇宙之海的汹涌波涛之中的。要在生活中、世界中作为世界一分子来思想,不要在抽象的真空中作为一个孤独的单子,作为一个专制君主,作为一个了无障碍的、世外的上帝来思想——然后你才能谈到你的思想是思维和存在的统一。作为一个现实实体的活动的思维,怎样能不去掌握现实的实体和事物呢?只有将思维与人分离开来,固定为其自身,才会产生出这个困难的、无结果的、为这个观点所不能解决的问题:思维是怎样达到客体、达到存在的?因为思维既然固定为其自身,亦即置身于人以外,那就脱离与世界的一切结合和联系了。你只有将自己降低为客体,降低为别人的客体,才能将自己提高为客体。你在思想,那只是因为你的思想本身能够被思想。你的思想只有通过客观的考验,为作为你的客体的别人承认的时候,才是真实的。你只是作为一个本身可以被看见的实体来观看,作为一个本身可以被感觉到的实体来感觉。世界只对于开放的头脑才是开放的,而头脑的门户只是感官。但是那个孤立的、封闭在自身之内的思维,那个没有感觉、没有人的,在人以外的思维,却是不能也不应当成为别人的客体的绝对主体,但也正因为如此,所以它无论怎样努力也永远不能找到一条走向客体、走向存在的道路,正如一个从身躯上砍下来的头脑之不能了解找到一个对象的道路一样,因为了解的手段和官能,已经失去了。

52

新哲学完全地、绝对地、无矛盾地将神学溶化为人本学,因为新哲学不仅像旧哲学那样将神学溶化于理性之中,而且将它溶化于心情之中,简言之,溶化于完整的、现实的、人的本质之中。从这一方面说,新哲学只是旧哲学的必然结果——因为凡是溶化于人的理智之中的东西,最后也必须溶化于生活之中,必须溶化于人的心情之中,人的血液之中——但是同时也只有新哲学才是旧哲学的真理,而且是一种新的、独立的真理;因为只有成为有血有肉的真理才是真理。旧哲学必然要重新退回神学之中。凡是只在理智之中、概念之中被扬弃的东西,在心情里面还有一个对立物,新哲学则相反,它是不会退回去的。凡是在肉体上和精神上同时都死了的东西,是不能作为幽灵而重新走回来的。

53

人之与动物不同,绝不只在于人有思维。人的整个本质是有别于动物的。不思想的人当然不是人;但是这并不是因为思维是人的本质的缘故,而只是因为思维是人的本质的一个必然的结果和属性。

因此我们在这里并不需要超出感性范围以外,以便将人认作一种超越动物之上的实体。人并不是一种特殊的实体,而是如同动物那样,是一种普遍的实体,因而并不是一种有限制的、不自由的实体,而是一种不受限制的、自由的实体;因为普遍性、无限制性和自由是不可分割的。而且这种自由也不是存在于一种特殊的能力和意志之内,同样情形,这种普遍性也不是存在于一种特殊的思维能力和理性能力之内——这种自由,这种普遍性是越出它的整个本质之外的。动物的感官虽然比人的感官更加敏锐,但只是对于一定的、与动物的需要有必然关系的事物,才是如此。动物的感官之所以更敏锐,正是由于有这个限定,这个对一定事物的特殊限制。人没有一头猎犬一只乌鸦的嗅觉,但这只是因为人的嗅觉乃是一种包括各种各样的嗅觉,因而不拘于某些特殊嗅觉的自由官能。但是,如果一种官能超出了特殊性的限制,超出了需要对它的束缚,那它就上升到具有一种独立的、理论的意义和地位了。普遍的官能就是理智,普遍的感性就是精神性。甚至于最低等的官能,如嗅觉和味觉,在人中间也上升为精神的行动和科学的行动。事物的气味和味道乃是自然科学的对象。甚至于人的胃,尽管我们那样轻视它,也不是一个动物性的东西,而是人性的东西,因为它是一个普遍性的、不限制于一定种类的食料的东西。正因为如此,所以人才摆脱了动物对猎获物所表现的那种狼吞虎咽的食欲。如果一个人保有他的头脑,而给他以一个狮子或马的胃,他显然就不能再成其为人了。一种有限制的胃,也只适合于一种有限制的、亦即动物的官能。因此人对于胃的道德的和理性的态度,也只在于不将胃当作一种兽性的东西看待,而当作一种人性的东西看待。谁将人性从胃中除掉,将胃列入兽类,谁就是承认人在吃东西的时候具有兽性。

54

新哲学将人连同作为人的基础的自然当作哲学唯一的、普遍的和最高的对象——因而也将人本学连同自然学当作普遍的科学。

55

艺术、宗教、哲学或科学,只是真正的人的本质的现象或显示。人,完善的,真正的人,只是具有美学的或艺术的,宗教的或道德的,哲学的或科学的官能的人——一般的人只是那一点也不排除本质上属于人的东西的人。Homo sum, humani nihil a me alienum puto[①]——这个命题就它的最普遍的和最高意义来了解,乃是新哲学的口号。

56

绝对的同一哲学将真理的立场完全颠倒过来了。人的自然的立场,区别"自我"和"你"、主体和客体的立场,则是真正的、绝对的立场,因此也就是新哲学的立场。

57

头脑和心情合乎真理的统一,并不在于取消或者粉饰它们之间的差别,而只在于心情的主要对象也就是头脑的主要对象——因而只在于对象的同一。因此将心情最主要的、最高的对象——

[①] 我是一点也不排斥人性的东西的人。这句格言出于罗马作家捷棱斯(约公元前185—前159)的喜剧《自我虐待者》中的一个登场人物之口。——俄文编者注

人当作理智最主要的、最高的对象的新哲学，便规定了头脑和心情、思维与生活的合理的同一。

58

真理并不存在于思维之内，并不存在于自为的认识之内。真理只是人的生活和本质的总体。

59

孤立的、个别的人，不管是作为道德实体或作为思维实体，都未具备人的本质。人的本质只是包含在团体之中，包含在人与人的统一之中，但是这个统一只是建立在"自我"和"你"的区别的实在性上面的。

60

孤独性就是有限性和限制性，集体性则是自由和无限性。孤独的人是人（一般意义之下）；与人共存的人，"自我"和"你"的统一，则是上帝。

61

绝对哲学家曾经说过，至少曾经想过，类似专制君主那样，"朕就是国家"[①]；类似上帝那样，我就是存在，我就是真理。当然他是作为思想家而这样说或这样想的，而不是作为一般的人而这样说

---

① 朕就是国家。法国国王路易十四（1643—1715）语。——俄文编者注

或这样想的。人性哲学家则相反地说，我固然是在思维中，固然是作为哲学家，却是与人共存的人。

62

真正的辩证法并不是寂寞的思想家的独白，而是"自我"和"你"之间的对话。

63

三位一体的说法，乃是绝对哲学和宗教的最高神秘和中心点。但是正如我在《基督教的本质》一书中从历史上和哲学上所证明过的，三位一体的秘密，乃是团体生活、社会生活的秘密——"自我"之必须有"你"的秘密——乃是这样一个真理：没有一个实体，不管是人，是上帝，或者是精神，或是"自我"，凡单独的本身都不是一个真正的、完善的、绝对的实体。真理和完善只是各个本质上相同的实体的结合和统一。哲学最高和最后的原则，因此就是人与人的统一。一切本质关系——各种不同的科学原则——都只是这个统一的各种不同的类型和方式。

64

旧哲学具有两重真理[①]：一是自为的、不关心人的真理——即

[①] 两重真理。关于两重真理的学说，主要是阿拉伯哲学家阿威罗伊（1126—1198）发展起来的。这个学说是这样，即：在哲学中是真的东西，在神学中可能是假的，反之亦然。某些持有与宗教教条相矛盾的观点的基督教和伊斯兰教思想家，想借这个原理作掩护，保持思想的自由。——俄文编者注

是哲学;一是为人的真理——即是宗教。作为人的哲学的新哲学则不然,它主要地也是为人的哲学——新哲学对理论的独立性和尊严性并无妨害,甚至与理论高度协调,本质上具有一种实践倾向,而且是最高意义下的实践倾向。新哲学替代了宗教,它本身包含着宗教的本质,事实上它本身就是宗教。

65

从前各种改造哲学的企图,只是在方式上或多或少地与旧哲学有所不同,而不是在种类上与旧哲学有所不同。而一种真正的新哲学,即适合于人类和未来需要的、独立的哲学,其不可缺少的条件则在于它在本质上与旧哲学不同。

图书在版编目(CIP)数据

未来哲学原理/(德)费尔巴哈著;洪谦译.—北京:
商务印书馆,2022(2024.4重印)
(费尔巴哈文集;第10卷)
ISBN 978-7-100-20806-2

Ⅰ.①未… Ⅱ.①费…②洪… Ⅲ.①未来学—哲学—研究 Ⅳ.①G303-05

中国版本图书馆 CIP 数据核字(2022)第 035569 号

权利保留,侵权必究。

费尔巴哈文集
第 10 卷
未来哲学原理
洪谦 译

商 务 印 书 馆 出 版
(北京王府井大街36号 邮政编码100710)
商 务 印 书 馆 发 行
北京通州皇家印刷厂印刷
ISBN 978-7-100-20806-2

2022年7月第1版 开本710×1000 1/16
2024年4月北京第3次印刷 印张 5¾
定价:55.00元